2030年の品質保証

モノづくりからコトづくりへ

一般社団法人中部品質管理協会［監修］
細見純子［編］
IoT時代の品質保証研究会［著］

日科技連

序　文

　一般社団法人中部品質管理協会は中部地区の産業の振興を品質管理技術の面から支える団体として創立され50周年を迎えました。会員の皆様の積極的な会活動へのご参加と歴代の役員、職員の皆様方のご努力のお陰と心より感謝をいたします。

　設立当時の日本は戦争のダメージからの回復を示す国際的イベント（東京オリンピック、大阪万博）の開催や交通インフラ（新幹線、東名神高速道路、首都高速道路）の整備が進められておりました。中部地区も製造業の集積地として産業の国際競争力向上に多くの団体・企業が努力を傾けておりました。当協会もTQC（科学的手法による品質管理）の展開による企業体質強化のお手伝いで中部地区にて生産される工業製品の品質向上に貢献できたと考えております。1980年代は日本の経済力が世界的に認められ多くの企業が発展を遂げ、その品質重視の経営方針に大いに自信をもって取り組みました。しかし、その成功の陰ではIT革命が進行し、お客様の価値観や産業構造が大きく変化していたこと、および新興国が着実に産業力を向上させて来ていたことに気づかず、それまでの発展を支えた高品質な製品を大量生産することで原価を低減し収益の最大化を図るビジネスモデルにこだわり、多様化するお客様の要望を実現するためのソフトウェア開発などの産業構造改革が進みませんでした。これは1990年のバブル経済の崩壊から経済回復する際に大きなハンデキャップとなりました。バブル崩壊は企業の雇用力を弱め就職氷河期を生み出したことで人材の健全な新陳代謝を阻害しました。やむなく生産の海外移転や規模縮小で生き残りをかけた経営方針の下で、失われた20年とも30年とも言われる経済の長期低迷を招きました。

　中部地区の産業は自動車製造業が多く自動車産業の特殊な環境つまり安全、

環境など社会的要求性能の対応で変化の先取りができた、技術的な難易度が高く新規参入が難しい、中古車販売や補修部品の販売といったストックビジネスが他の業種に比べて大きく新規参入が困難といった競争環境のおかげでダメージは軽微だったといえます。しかし、近年に再び起きたSDGsへの対応等の社会的要求の高度化やモノからコトへのお客様の価値観の変化、DXと呼ばれるICTの劇的進化は以前のIT革命とは比べものにならない変革を産業界に強いております。

　自動車産業界にもCASEやMaaSといった技術やシステムの大変革が起きており巨大IT企業や決断が速く行動力のあるスタートアップ企業などの参入が始まり以前とは様変わりの大競走時代を迎えたといえます。しかしこれはIT革命に周回遅れであった日本産業界にとっては一気にその遅れを取り戻すチャンスが来たとも考えられます。当協会では2017年からDX（デジタル革命）が品質保証・品質管理に与える影響について、自分事として考える研究会を創設しました。この領域における研究で先頭を行かれる法政大学・西岡靖之教授のIVI(Industrial Value Innovation)研究グループと交流するなど、限られたリソースを有効に使った研究会の運営で一定の成果が得られたと感じております。そして、当協会設立50周年の記念としてその成果を書籍として残すこととなり、自動車産業が直面するCASE、MaaSとは何か、コトの価値、言い換えると人の心の中に生じる価値といったお客様の価値観の変化への対応について、さらに将来の自動車が生み出す移動という価値が産業として社会をどう変えていくのかを予測し、2030年にあるべき姿を提言したのが本書です。本書は、これらの変革の基盤となるデジタル技術（5G、IoT、ビッグデータ、機械学習、AIなど）に対応する品質保証・品質管理の考え方の変革など幅広く自由な発想の下で研究会のメンバーが執筆しました。皆様にとって少しでもお役に立てれば幸甚です。

　2021年9月

一般社団法人中部品質管理協会

会長　佐々木　眞一

まえがき

　この予測不可能な未来に対し「どうやって求められる品質を保証していくのか」を、この社会にあって考え提唱していくことが、品質管理に長く携わってきた筆者らの使命との想いで、本書を執筆した。

　本書は未来を予測した本ではない。「予測できない未来においても、最大限、顧客や社会の求める価値を担保したい」という動機から2030年に向かって迫り来る課題にどのように取り組むかを検討・考察した書である。2030年の未来を創るのは、他の誰でもない自分であり、ともに働く仲間である。「モノづくりからコトづくりへ」と戦略の転換が迫られている昨今、本書を手に取っていただいた皆様ともつながり、地球や自然と共存し、人々の幸せを中心においた良き社会づくり、モノづくりとコトづくりに取り組めることを切に願う。

　本書は4章構成になっている。

　第1章は、「100年に一度の大変革」といわれる自動車業界を取り巻く環境変化を具体的に調べ、品質保証の新たな課題は何かをあぶり出した。

　続く第2章は、コトづくりにおける顧客価値の創出に役立つデザイン思考の考え方と自動車業界での適用について考察した。また、すでにコトづくりに取り組んでいる旅行会社㈱JTBをベンチマークし、コトづくりにおける品質保証の課題を考察した。さらに、コトの品質保証を行う上で鍵となる感情的品質の重要性をトヨタ自動車㈱、マツダ㈱、ハーレーダビッドソンジャパン㈱の事例を交えて解説する。

　第3章では、筆者らのフィールドである自動車業界におけるMaaSの仮想シナリオをつくり、その仮想シナリオに沿って品質保証を考察した。シナリオは観光型MaaSと医療型MaaSの2つを考え、それぞれにかかわるステーク

ホルダー間の機能と役割分担、特に MaaS におけるモジュール（車など）について、①自動車メーカーの視点、②サプライヤーの視点から具体的な課題、品質不具合への対応や新たな品質における視点などを自動車およびサプライヤーの品質を専門とする研究会メンバーの知見から考察し、整理した。そして、未知の分野であり、これからますます個人の要求と社会的要求が高まる未来に向けての品質保証は、顧客体験と感情的価値が鍵となることを意識しつつ、今後取り組むべき課題や着眼点を挙げた。仮想シナリオは自動車業界のものであるが、他業種の方々にも役立つように、どのように研究を進めれば良いかが参考になるように配慮した。

　最後の第4章では、第3章で具体的に挙げた品質保証の課題を実際に取り組むために組織のあるべき姿を品質経営の視点から提言した。20世紀後半に日本が日本的品質管理として世界に伍していくまでになった人間性尊重の品質管理の本質を踏まえつつ、新しい時代にあった経営の仕組み、人づくり、創造性を育む風土づくりの重要性を、先行して取り組んでいる日本特殊陶業㈱および㈱デンソーの事例から紹介している。

　本書を執筆したメンバーは、一般社団法人中部品質管理協会が2017年に立ち上げた「IoT時代の品質保証研究会」の有志である。当協会が所在しているこの中部地区は自動車産業が盛んであり、会員企業もトヨタ自動車㈱を始め、その8割ほどが自動車産業に携わっている。すでに2010年代半ばから欧米からインダストリー4.0やIoT、AIといったデジタル変革の波が迫りくる中、自動車業界は「100年に一度の大変革」と言われるようになった2017年に「IoTやAIが社会で当たり前になる時代における品質保証を考えよう」と呼びかけ、会員中核企業で高い意識をもつ品質スペシャリストにご参加いただき、3年間研鑽を重ねた。

　その研究活動における見聞と考察を主に、いま持ちうる知見でまとめたものが本書である。また、考察の題材として、筆者らが所属する自動車分野での知見から新しい時代と品質保証の役割を考察することが最もリアリティをもって

深く考察しうると、その題材の多くを自動車業界のものとした。自動車業界を
題材とはしたものの自動車業界以外の方々にも参考になる内容になったと自負
している。ぜひ、多くの方々に手にとっていただきたい。そして、「2030 年ま
でに品質保証の仕事はこのように変わるのか」という理解を深めていただけれ
ば幸いである。

　2021 年 9 月

一般社団法人中部品質管理協会

企画部主査・経営企画室長　細見　純子

2030 年の品質保証

目次

第1章

自動車を取り巻く環境の変化

　2030年、今とは違った世界になっているのは間違いない。自動車市場やそこを取り巻くプレイヤーが大きく変わることは容易に予測される。その中で、私たちの会社はどう変われば勝ち残ることができるのか。品質保証を担う者として、どのような準備をしなくてはならないのか。

　筆者らの研究会は、そんな危機感を強くもったメンバーが、少しでも早く自社で準備を仕掛けたいという想いから、「2030年の品質保証をどう変えるべきか」という研究テーマに取り組んだ。

　ひと言で品質保証といっても、ビジネス形態によってそれぞれの特徴があるはずである。筆者らは、より具体的で精度のある研究とするために、自動車業界にフォーカスすることにした。

　研究は、最初に「2030年の自動車業界がどのようになっているのか」を予測することから始めることにした。

　とはいえ、世の中には千差万別の予測で溢れているのは周知のとおりである。それらの中から、自動車業界にフォーカスし、信頼度も高い『モビリティー革命2030』（デロイト トーマツ コンサルティング著、日経BP社）[1]を議論を進めるうえでの情報源として選定した。同書の予測をベースとし、各メンバーがもつ経験と知識を交えて議論を重ねていった。

1.1　2030 年自動車業界はこう変わる（CASE 視点の予測）

　自動車業界は 100 年に一度の大変革期にいるといわれる。その変革のトレンドは、Connected（コネクテッド）、Autonomous（自動化）、Shared（シェアリング）、Electric（電動化）といった「CASE」と呼ばれる新しい領域での技術革新である（図 1.1）。なお、S については Shared & Services（シェアリングとサービス）と表す場合もある。

　車は、人の判断および操作が介在しない自動運転が可能となり、車という個々の閉空間がインターネットで外界とつながり、快適性や利便性、安全性の大幅な向上が図られる。また、シェアリングエコノミー（共有経済）の進展の波が車にも広がり、車は、「所有」することが前提であった社会から、必要に応じて「利用」する社会へとシフトしていくだろう。さらに、地球温暖化対応（CO_2 削減）や、化石燃料依存からの脱却を目指し、動力源が内燃機関（エンジ

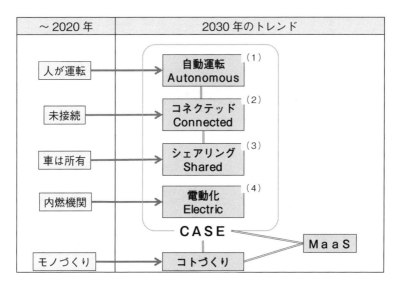

図 1.1　ロードマップの切り口

ン）から電動化に移行していくのは必然と見られる。

　以下では、前出の『モビリティー革命2030』を参考に筆者らの研究会が作成したロードマップを一つひとつ見ていく。

（1）　自　動　運　転

　図1.2は自動運転の切り口でのロードマップである。横軸には、2015年から2030年を経て、2050年までを時間軸にとった。縦軸には、自動車社会、自動運転動向、ビジネスモデル（送客）、保険（自動運転）の4つの視点で分類した。

　2030年には、都市への人口流入はますます増加し、100万人超の都市人口が1.4倍となる[1]。これは、農村部に暮らす層が、収入を求め都市部へ移動するなどのためといわれている。しかしながら、昨今のコロナ禍に端を発した在宅勤務やオンライン会議の進展により流入に歯止めがかかることも予想される。

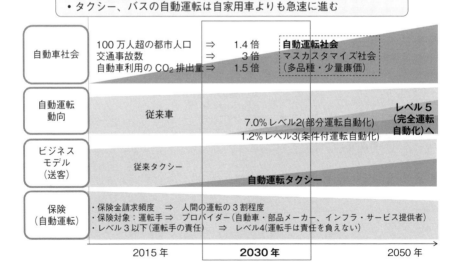

図1.2　自動運転のロードマップ

　それに合わせて車の台数も増加し、残念なことに、交通事故件数は現在の 3 倍、CO_2 排出量は 1.5 倍となると予測されている[1]。そうなると期待されるのは自動運転車であるが、世界中で開発が加速し、2030 年には「レベル 2」の自動運転車[*1]の新車販売台数比率は約 7.0 ％に達し、さらに「レベル 3」以上の自動運転車[*1]の販売も開始され、その台数比率は約 1.2 ％に上ると予測されている[1]。

　このような自動運転車の普及が自動車業界にとっては最大の変化となるだろう。この変化は、自家用車よりも、現在でも運転者が不足している公共交通機関のバス、タクシーから急速に進むと予測され、自動運転タクシーなども登場すると思われる。

　さらに、自動運転車の普及により、自動車保険のスキームが大きく変わると予測される。テレマティクス（（2）項で詳述）に加え、「自動運転の技術進化」やカーシェアリングに見られる「所有と利用の分離」が従来型保険のビジネスモデルを大きく変えていくだろう。前出の『モビリティー革命2030』では次のように予測している。

　「これまで、自動車の運転責任は運転手が負うという理念が基本であった。しかし、自動運転の普及に向けて技術・インフラが整備される中で、事故の責任は運転手からプロバイダー、すなわち自動車・部品メーカーや、インフラ・サービス提供者にシフトしていく。運転手の責任はゼロにはならないが確実に小さくなるため、従来の個人保険市場は縮小する。」[1]

　また、一般社団法人日本損害保険協会が公表した報告書「自動運転の法的課題について」[2]では、現行法にもとづく事故時の損害賠償責任（対人事故・対物事故）について、「レベル 3 においては、システム責任による自動運転となり、道路交通法上もドライバーの運転責任が一定免除されることも想定される。」[2]とし、さらに「レベル 4 において、「ドライバー」という概念はないことから、

　＊1　自動運転技術は米国自動車技術者協会（SAE）が「自動運転化レベル」としてレベル 0 〜レベル 5 までの 6 段階に区分している（表 1.1）。レベル 5 では制限なくすべての運転操作が自動化される。

表 1.1　自動運転化レベル

レベル	概要	運転操作の主体
レベル0 運転自動化なし	ドライバーが全ての運転操作を実行。	ドライバー
レベル1 運転支援	システムがアクセル・ブレーキ操作またはハンドル操作のどちらかを部分的に行う。	ドライバー
レベル2 部分運転自動化	システムがアクセル・ブレーキ操作またはハンドル操作の両方を部分的に行う。	ドライバー
レベル3 条件付運転自動化	決められた条件下で、全ての運転操作を自動化。ただし運転自動化システム作動中も、システムからの要請でドライバーはいつでも運転に戻れなければならない。	システム （システム非作動の場合はドライバー）
レベル4 高度運転自動化	決められた条件下で、全ての運転操作を自動化。	システム （システム非作動の場合はドライバー）
レベル5 完全運転自動化	条件なく、全ての運転操作を自動化。	システム

レベル4の自動運転車は、従来の自動車とは別のものとして捉えるべきであると考えられる。」[2] としている。

（2）　コネクテッド

　図 1.3 はコネクテッドの切り口でのロードマップである。縦軸は、自動車ビジネス、自動車産業の総付加価値の2つの視点で分類した。

　ここで、自動車ビジネスに限らず幅広い産業において進展しつつある知能化・IoT 化とは何かについて整理しておきたい。

　IoT 化とは文字どおり、「あらゆるモノがインターネットにつながる仕組み」である。この IoT 化が進むことにより、大量のデータを収集、蓄積、分析、活用することが可能となり、さまざまな場面で新たな価値の提供が期待される[1]。一方、知能化とは「ソフトウェアからなる AI（人工知能）による、知覚と知性の実現」[1] であり、「AI を用いた知覚と知性によって、ものごとを識別・予測することが可能となり、人を支援する、もしくは人に置き変わることが期待さ

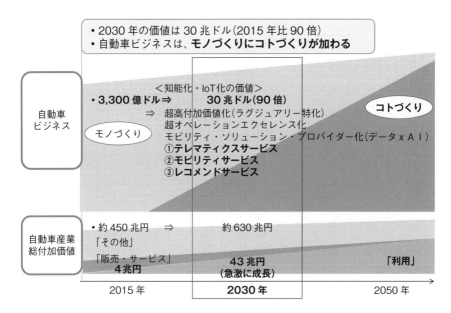

図1.3　コネクテッドのロードマップ

れる。」[1]

　ちなみに、メトカーフの法則によれば、「ネットワーク通信の価値は、接続されているシステムのユーザー数の2乗に比例する」といわれる。接続されるシステムのユーザー数は今後、爆発的に拡大し、「当面、年率16％で拡大する見込みであり、2030年には2015年の約9.5倍になる」[1]と予想される。これにもとづくと、自動車ビジネスにおける知能化・IoT化の価値は、「2015年の約3,300億ドルから2030年には30兆ドル（約90倍）に膨れ上がる」[1]と予測される。いわゆる従来の車そのものを売る「モノづくり」から、体験などのサービスを提供する「コトづくり」が加わってくるからである。

　その中身は以下の3つである。

　　①　テレマティクスサービス[1]：「移動中の快適性・安全性」を提供するサービス。例えば、ナビゲーション、eCall（車両緊急通報システム）などの安全・安心サービスや近年急速に拡大している駐車場・充電スポッ

ト・ガソリンスタンド連携などがあり、車の付加価値を上げていくためには必要不可欠なサービス

② モビリティサービス[1]：従来のレンタカー、カーシェアリング、ライドシェアリング、タクシー配車サービスなど、車を利用したサービスに加え、鉄道や航空機なども組み合わせたインターモーダル連携による「スムーズな移動体験」を提供するサービス

③ レコメンドサービス[1]：単なる目的地の情報提供にとどまらず、ユーザーの嗜好を汲み取った周辺地域情報の提供や目的地との連携による特典割引など、移動中・移動先での「ユニークな移動体験」を提供するサービス

これらにより、自動車産業の総付加価値は、2015年時点の約450兆円から2030年には約630兆円へ増加することが見込まれる[1]。その内容は、「2030年までに「素材、部品」および「完成車」の付加価値はシェアリングで生産台数がやや減少するものの、電動化や自動運転による高付加価値化によって市場規模が伸長」[1]すると予測される。また、シェアリングの進展により、「「利用」は主にテレマティクス市場やシェアリングサービス市場、そして自動運転によって切り拓かれる新用途によって、2015年に約4兆円だった付加価値額に、2030年までのわずか15年間で約40兆円の付加価値が流入」[1]し、「コトづくり」が急激に成長するのである。

(3) シェアリング

図1.4はシェアリングの切り口でのロードマップである。縦軸は、乗用車、移動手段の使用機会、商用車、自動車関連領域の4つの視点で分類した。

(a) 乗用車の持ち方と移動手段の変化

乗用車は従来から所有することが主であった。もちろん、レンタカーは存在していたが、行きたいときに好きな所へ自由に移動するためには「所有」するしかなかった。また、乗用車そのものを所有することがステータスであった。

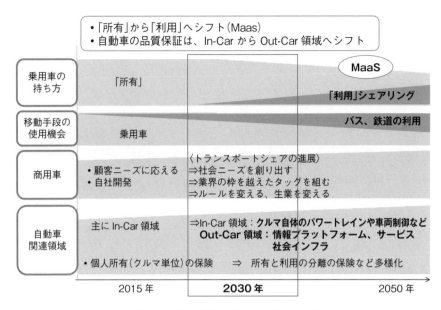

図1.4　シェアリングのロードマップ

しかし、乗用車を所有することで発生する駐車場代や保険料などの経済的負担の増加、移動という目的に対して所有するには低すぎる稼働率、さらに乗用車を所有するステータスも薄れていき、2030年には「利用」することに大きくシフトすると予測される。これには、さまざまな要因が考えられるが、経済的な要因から見てみると、「カーシェア、ライドシェアともに、マイカーやタクシーなどの既存の交通手段に比べて圧倒的にユーザーコストが低いことが挙げられる」[1]。また、前出の『モビリティー革命2030』の試算では、「移動コストは、年間1万2000km以上走行する場合、車を所有する方が安くなる。それ以下の場合はカーシェアの方が安くなり、1000kmを下回るとライドシェアが最も経済合理性が高まる」[1]といわれているからである。

　その結果として、交通システムは乗用車に加え、バス、鉄道などを含めたさまざまな輸送サービスが統合され、移動（モビリティ）をシームレスにつなぐMaaS（Mobility as a Service、詳しくは**3.1.1項**を参照）へシフトするだろう。

（b）　商用車メーカーの変化

　商用車は社会インフラ構築を支えるものであり、今後ますます重要性を増していく。商用車周辺産業の市場規模も、4.5兆円から2030年には7.0兆円、2050年には12.6兆円と伸びていくことが推計されている[1]。このような商用車業界をシェアリングの視点で整理する。

　商用車における「所有」から「利用」へのシフトは、従来BtoBモデルでのリースという形で存在している。必要なときに商用車という車を貸借して利用ニーズを満たしてきた。

　これからは、商用車版カーシェアリングである「トランスポートシェア」（デロイト　トーマツ　コンサルティング：2014年提唱）が進展すると予想される[1]。これは、「車両や輸送、ユーザーの各データを一元的に収集・管理・分析し、車（輸送車）の空き、荷台の空き、時間・ヒト（運転者）の空きをなくし、高稼働を実現する概念」[1]である。この進展のポイントは、データの一元化と高度な自動化であり、より広範なデータとそこから導かれるマッチング配車やスケジュールを実現できるレベルの自動化が必要となる。また、高稼働が必要条件になるため、アフターサービス・保険領域のニーズがより高まることが予測される[1]。

　そのため、商用車メーカーは、R&D領域での自社開発へのこだわりを捨て、オープンイノベーションやアライアンスへシフトするだろう[1]。なぜなら、次世代のパワートレインやビッグデータを取り巻く環境変化は速く、新規参入者も多い。より厳格になる環境規制や各種法令に準拠しながら、全方位的に自社のリソースで対応できるメーカーは多くないからである[1]。実際に、自動車産業トップのトヨタ自動車㈱でさえ、積極的なアライアンス戦略によって、社外の力を借りることで、対応スピードを維持しているのである[1]。

　そして、その後、商用車メーカーは、「自動車メーカー」から社会課題を解決する「ソリューションプロバイダー」に変貌し、車をその解決ツールの一つに位置づけていく[1]。経済合理性や顧客要求だけではない「力＝ルール」や世論を自ら形成して社会的意義に応えようとする動きが生まれるのである[1]。

「顧客ニーズに"応える戦い方"から、社会ニーズを"創り出す戦い方"への転換、そして「ルールを変える」「生業を変える」こと」[1]が必要となるのである。

（c）　シェアリングによる自動車メーカーの領域の拡大

シェアリングにより、自動車メーカーの領域も変化する。これまでの車自体のパワートレインや車両制御などの In-Car（車の内側）領域から、車を取り巻く環境としての、情報プラットフォーム、サービス、社会インフラなどの Out-Car（車の外側）領域へと拡大していくだろう。

このシェアリング社会の到来は、これまでの市場に破壊的なインパクトをもたらす。車は「単なる交通手段」ではなく、例えば過疎地での高齢者の移動など「社会課題の解決手段」へと変貌を遂げる可能性がある[1]。また、顧客は、「製品価値」から「経験価値」を求める。さらに、企業は「モノづくり」から「コトづくり」へシフトし、イノベーションの主体は、「自動車関連メーカー」から「IT 企業、プラットフォーマー、サービス事業者」へとシフトしていくだろう。

（4）　電 動 化

図 1.5 は、電動化の切り口でのロードマップである。縦軸は、新車販売台数、自動車構成部品、乗用車営業利益率の 3 つの視点で分類した。

2030 年の新車販売台数は、2015 年に比べ 33 ％増の 1.2 億台となり、PHEV（プラグインハイブリッド車）が 15 ％、ZEV（ゼロエミッション車）が 10 ％の占有率になると予測される[1]。

これに伴い、自動車構成部品が電動化され、エンジンがモーターに、燃料ポンプ、インジェクターが 2 次電池に、トランスミッションがインホイールモーターになるなど、技術・ノウハウが必要な部品が汎用部品となるのである。そのため、これまでは高品質が要求され、高難度といわれていた自動車製造の参入障壁が低くなっていく。現在のガソリン車と電動車両の 1 台当たり収益率をベースに試算した結果では、電動車両が新車販売の半数を占めた場合、結果と

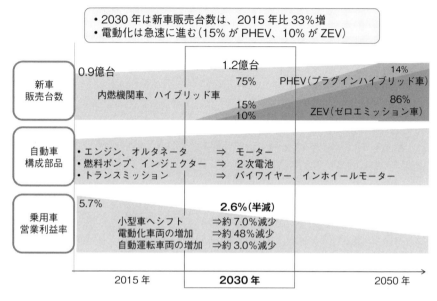

図1.5　電動化のロードマップ

して、「乗用車メーカーの営業利益の約48％が吹き飛ぶ」[1] と予測される。

（5）　自動車ビジネスのパラダイムシフト [1]

　前項までで見てきたロードマップをここでまとめてみる（本項は、前出の『モビリティー革命2030』第10章の「自動車ビジネスに求められる五つのパラダイムシフト」を参考・引用している）。

　自動車ビジネスにおける顧客は、オーナー兼ドライバーから生活者・社会へとシフトしていくことが予測される。シェアリングサービスでは、オーナーではないユーザーがお客様となる。Uber社に代表されるライドシェアサービスの世界では、移動者、同乗者などさまざまな人々がお客様となる。「移動」という基本的な提供価値が変わらないとしても、その対象は複雑、広範になり、お客様を「生活者」と捉え、生活にまつわる人や物の「移動」全般をデザインすることが求められる。さらに、「移動」の先には、地域社会や、国家、地球

があり、すべてのステークホルダーをお客様として捉え、それらに対していかに貢献するかという「視点」を再定義する必要がある。

　製品価値は、「車」から「新モビリティ」へとシフトする（筆者らは、モノとしての移動手段である「モビリティ」に対し、コトづくりの道具として「新モビリティ」と定義する）。そして、製品価値の源泉は、モノづくりからコトづくりへとシフトする。車は、単に「移動」するだけの価値にとどまらなくなる。車がスマートフォンのように「情報端末」としての機能を有し、クラウド上の「頭脳（データ）」や、他の情報端末（車）と連携し、安全、安心、快適性、利便性を劇的に高めるであろう。さらに、電気自動車や燃料電池自動車においては、搭載する蓄電池や発電機から外部にエネルギーを供給することにより、電力供給の安定化に貢献する「エネルギー」としての提供価値も期待されている。このように提供価値は、「製品」から製品を一つのピースとした「経験」の価値に拡大する。

　収益モデルは、「愚直に稼ぐ」から「利巧に稼ぐ」へとシフトする。利巧に稼ぐとは、自社に有利な制度を引き出すなど戦略的に賢く稼ぐということである。もし、共通善に向かって、社会を変える必要がある場合、社会の制度が追いついていないなら、制度そのものを変えるルールメイクを政府に仕掛けていく。そして、必要なコストは社会全体で負担してもらう仕組みをつくり、新たな市場を開拓するのである。

　そして、コラボレーション力は、自前主義からオープンイノベーションへとシフトする。イノベーションを起こす新たな価値を創造するという観点においても、自前主義には限界がある。積極的に外部と連携し、共通善に向けて知と知を組み合わせていく外向きの組織へと変化していく必要がある。ただし、このような変化は徐々に進むので、従来からの課題にも並行して対処していかなければならない。

1.2　品質保証の課題の変化

　前節で描いたロードマップから2030年の自動車業界を取り巻く社会とビジネスの姿が明らかとなった。次に、筆者らの研究会では、このロードマップをもとに2030年の品質保証の課題を議論していった。

　議論は、自動車ビジネスを2つの提供価値に分けて実施した。一つは、「モノ」として見た車の価値を品質保証する場合である。性能や品質、デザイン、ブランド、コストパフォーマンスなど製品に閉じた不変の価値の品質保証で、従来から自動車メーカーが注力してきた品質保証である。もう一つは、「新モビリティ（コトづくりの道具）」として見た車の価値を品質保証する場合である。販売店やインターネット、テレマティクスなど、ユーザーとの接点全体を通じて提供する価値、ユーザーの経験価値の品質保証で、自動車メーカーがこれまでユーザー任せにしてきた（放っておいたのではなく、踏み込めなかった）領域の品質保証である。

1.2.1　「モノ」として見た車の品質保証

　車を「モノ」として見たときの品質保証の新たな課題は何だろうか。CASEの視点で分類してそれぞれの課題を挙げていく。

（1）　自　動　運　転

　自動運転に関する車という「モノ」の品質保証の課題は**図1.6**のとおりである。「モノ」が人の代わりに運転する自動運転は、「モノ」が誤った判断や誤った動きを発生させると事故を引き起こし、人命を奪いかねない。高い品質が必要なことはいうまでもない。ミスを絶対しないことが「当たり前品質」となる。ここでの品質保証の新たな課題は、以下のとおりである。

（a）　AIシステムの品質保証

　人に代わって頭脳となるのはAI（人工知能）である。AIシステムの判断の正

```
(1) 自動運転：人命にかかわるため、高い品質保証が必要
           ⇒ ミスは許容されない(当たり前品質)

  (a)AI システムの品質保証
     ①AI システムの機能の品質保証
     ②AI システムへインプットするデータの品質保証     新
      ・インフラ(カメラ、センサー、受発信機)              た
      ・車両の状態情報                                 な
      ・地図情報、気象情報                             課
     ③情報セキュリティ                                題
  (b) 組込みシステムとホストとの連携の品質保証
  (c) 問題発生時および説明責任への対応
      ・データのトレーサビリティ

  (d) 車(ハード)の品質保証
      ・走る、止まる、曲がるの動作保証
```

図 1.6　「モノ」として見た車の品質保証の課題(自動運転)

当性、正確性、安定性を保証することが最重要の課題となる。ここでの課題は、

①　AI システムの機能の品質保証

②　AI システムへインプットするデータの品質保証

③　情報セキュリティ

の３つである。それぞれを説明する。

　上記①は、AI システムが常に期待どおりの判断ができることである。間違っても、AI システムの誤作動により車の安全・安心を損なってはならない。そのためには、AI システムのデータ解析モデルが適切で、かつ再学習によって修正し続けることが必要となる。しかし、現時点では最良の保証方法が見つかっていない難しい課題である。

　例えば、AI システムへの入力が「片側１車線の優先道路を走っていると信号のない交差点にさしかかった。左方からは一時停止ラインを少しはみ出した車を発見した」場合、合格の判断基準は「減速して右方に避ける」とする。し

かし、左方からの車が停止ラインをはみ出す量によっては、「減速して右方に避ける」と反対車線にはみ出す場合がある。その場合は、後続車の追突の危険はあるが「一時停止」が合格であろう。このように、実際の運転ではさまざまなケースが存在するが、AIシステムのモデル作成において、すべてのケースのセットを準備することは不可能である。よって、モデル化の対象としなかったケースについてはフェールセーフ機能が開発されるだろう。また、AIシステムの誤作動のケースについても同様に、フェールセーフ機能の開発が必要となる。自動車メーカーは、これらの機能を保証することが課題となる。

　上記②は、AIシステムへインプットするデータが正しいことの保証である。ここでの情報とは、車両のカメラやGPSが捉える映像やデータなどの位置情報、さまざまなセンサーが計測する車両の状態情報、周囲の道路状況、そして気象情報などである。これらの情報の品質を確保するためには、カメラやセンサー、受発信機などのハードの品質保証が必要となるのはいうまでもない。加えて、AIが最も苦手とされる「フレーム問題」[*2]を回避するために開発されるであろうシステム、例えば、取得したすべてのデータから、今行うべき分析・判断に必要な情報のみを選び出し、AIシステムへインプットするようなシステムの品質保証が重要な課題となる。

　上記③は、AIシステムに出入りするデータのセキュリティである。最高のAIを使い適切なデータを取得できたとしても、データの安全性が確保されなくては品質が確保されているとは決していえない。例えば、サイバー攻撃により、悪意をもって意図的にデータが変えられた場合、AIシステムは間違った判断を下し、車は暴走する。自動運転の大前提として、情報セキュリティは確実に担保されなくてはならず、品質保証の重要な課題となる。

[*2]　フレーム問題とは、人工知能における重要な難問の一つで、限られた処理能力しかない人工知能は、現実に起こりうる問題すべてに対処することができないという問題である。

（b）　組込みシステムとホストとの連携の品質保証

　前述したように、車に搭載される AI システムは、位置情報や気象情報など
の情報を外部のホストから取り入れて処理・判断を行う。ここでいうホストと
は、サーバーやクラウドコンピューティングのことであり、さまざまな情報の
保管・処理を一括して行う機能である。自動運転において、交通状況に対する
リアルタイムの判断のためには、これら組込みシステムとホストとの間のデー
タのやり取りが高速かつ確実に行われなければならない。これは、品質保証が
必要な新たな領域である。

（c）　問題発生時および説明責任への対応

　事故等の問題発生時に、車が原因なのかそうでないのかを迅速に分析できる
ことが必要となる。過去には、運転手のミスによる事故や人の感覚の問題でも
車に対する責任を厳しく追及された例がある。自動運転で人が運転に関与しな
くなれば、すべてが車の責任となるのは明白である。したがって、自動車メー
カーは問題の発生防止はもちろんのこと、問題発生に備え、データのトレー
サビリティを確実に確保し保管しておくことが重要な課題である。ここでいう
データとは、ドライブレコーダーの映像データに加え、同期するアクセル開度
やブレーキ強度、ハンドル角度などである。また、車の劣化、修復状態のデー
タ（ブレーキパッド残量、タイヤ摩耗量など）も必要である。

（2）　コネクテッド

　コネクテッドに関する車という「モノ」の品質保証の課題は**図 1.7** のとおり
である。コネクテッドによって、自動車メーカーは車をお客様（ユーザー）に引
き渡した後も、データを通じてユーザーとつながることができる。自動運転や
ソフトウェアの更新などに加え、車の使われ方などを把握し、商品開発や故障
予知、EDER（早期発見・早期解決）のスピードアップに活用することにより、
他社との品質保証の差別化が期待できる領域である。ここでの品質保証の新た
な課題は、以下のとおりである。

---

(2) コネクテッド：**故障予知、EDER（早期発見・早期解決）のさらなるスピードアップ⇒他社との差別化が期待できる領域（魅力品質）**

> (a) 市場データを開発へフィードバックする仕組み
> (b) 故障予知システムの品質保証
> (c) 不具合（故障）が発生した瞬間の品質保証
> (d) コネクテッドシステムの品質保証
> 　①いつでもどこでもつながるシステム
> 　②通信不良時のフェールセーフのシステム
> (e) 情報セキュリティ
> 　・OTA によるソフトウェア更新・修正の品質保証
> (f) 情報銀行の活用

新たな課題

図 1.7　「モノ」として見た車の品質保証の課題（コネクテッド）

（a）　市場データを開発へフィードバックする仕組み

　市場での使われ方、市場ストレスデータなどを収集し、開発へフィードバックすることにより、新たな価値創造、より高品質な車づくりにつなげることは競争力の源泉となる。この仕組みを構築し管理することが品質保証の課題である。

（b）　故障予知システムの品質保証

　自動車メーカーや販売店は車とつながることで、車自体の健康状態データを継続的に取得することができる。これらのありとあらゆるデータを解析することによって、車の診断ができて故障予知が可能となる。そうすると、現在、半年ごとの点検や 2 年ごとの車検時に余裕をもって交換している部品を、故障直前まで使用してタイムリーに交換することができるようになる。これは、ユーザーの経済的、時間的負担の軽減に直結する。この故障予知、メンテナンスシステムを構築し品質保証することが新しい課題となる。

(c)　不具合(故障)が発生した瞬間の品質保証

　前項の故障予知をすり抜け、発生してしまった不具合(故障)や事故などによる破損・故障が発生した場合に、迅速かつ適切な対応ができるようにすることは、ユーザーに安心と喜びを与える。従来からある課題ではあるが、コネクテッドにより、運転手の視覚、聴覚、臭覚などの情報に加え、車からの診断データが瞬時に直接販売店と共有されることで、エンジニアが車自体を直接目にしなくとも不具合の原因を解明できるようになる。原因がわかれば、販売店は直ちに、修理に向けて適切な部品、エンジニア、設備、そして代車などの準備を開始することができる。何よりユーザーに対して、適切な応急処置方法を示すことができるだけでなく、最速での修理完了までの案内をすることができるようになる。これらの仕組みを構築し管理することができれば、そのメーカーは「万が一の時の対応が抜群に良い」との評価を獲得し、他の自動車メーカーとの差別化を実現するだろう。

(d)　コネクテッドシステムの品質保証

　コネクテッドシステムを継続的に健全な状態である「いつでもどこでもつながるシステム」とすることは必須の課題である。現状はトンネルや地下駐車場、山奥において通信ができなかったり通信不良の場合も見受けられるが、このような場所でも安定して通信できることが課題となる。さらに、通信不良時におけるフェールセーフのシステムを構築することも重要である。

(e)　情報セキュリティ(OTA によるソフトウェア更新・修正の品質保証)

　前述の自動運転で情報セキュリティの課題を挙げたが、それらに加えてコネクテッドにおいては、OTA(Over The Air)によるソフトウェア更新・修正に対する品質保証を課題として挙げておく。これは、ソフトウェアに不具合などが見つかったり、自動車メーカーが改善したい部分があるたびに販売店に持ち込むのではなく、無線通信によってプログラムの修正や更新を行うことで、ユーザーの利便性が増すとともに、メーカーの負担も大きく減らすことが可能

となる。このようにメリットの多い方法ではあるが、一方で確実性やセキュリティ面などを考慮したソフトウェア更新の品質保証が新しい課題となる。

（f）　情報銀行の活用

イノベーションや新しい価値を創造するという観点において、自動車メーカーが単独で行うには限界がある。同様に、情報のコンテンツのレベルアップのためには、自前主義ではなくコラボレーションの考え方が重要である。餅は餅屋で、コネクテッドで活用する情報は、コネクテッドに特化した情報銀行[*3]を利用することになるだろう。情報銀行設立の動きは世界的に加速しており、将来はサービスが乱立する可能性がある。どの銀行を利用するかによって享受できるサービスも変わり、適切な利用は品質保証面で有利となることが多いと考えられる。その意味では、自動運転に特化した情報銀行が登場すると面白いかもしれない。インターネット上における情報とリンクする部分もあるが、専門的要素も多く、移動を伴うモビリティならではのサービスを展開できるからである。

（3）　シェアリング

シェアリングに関する車という「モノ」の品質保証の課題は**図1.8**のとおりである。主に多様化する車の使われ方に耐えうる「モノ」の品質保証がシェアリングの事業者、およびユーザーから求められる。ここでの品質保証の新たな課題は、以下のとおりである。

（a）　車自体の品質保証（長持ち）

利用する車に対しては保有する車と違い、丁寧に乗車したり運転したりする

---

*3　情報銀行（情報利用信用銀行）とは、個人とのデータ活用に関する契約などに基づき、PDS（Personal Data Store）などのシステムを活用して個人のデータを管理するとともに、個人の指示又は予め指定した条件に基づき、個人に代わり妥当性を判断の上、データを第三者（他の事業者）に提供する事業、と定義されている（出典：「情報信託機能の認定に係る指針 ver1.0」、総務省）。

```
(3) シェアリング：多様化する使われ方にも耐えうる品質の確保
  (a) 車自体の品質保証（長持ち）
    ・耐久性・信頼性
    ・保証耐久期間・距離の設定

  (b) データの有効利用（使い方保証）
    ①市場データを開発へフィードバック
    ②使われ方を顧客管理へフィードバック（使い方が悪い人には制限など）
  (c) 個人情報の保護（ユーザー情報（ナビ・サービス使用履歴含む））
  (d) 車両ビッグデータによる劣化度合いのモニタリング
    ・消耗部品などの適切時期の交換の促進

                                              新たな課題
```

図 1.8　「モノ」として見た車の品質保証の課題（シェアリング）

意識は薄いものである。ユーザーに丁寧に扱っていただくことを期待することは難しいので、耐久性と信頼性は重要な品質保証の課題である。自動車メーカーは、独自の信頼性基準で保証した保証耐久期間や距離を設定してシェアリング事業者へ提供することとなる。

（b）　データの有効利用（使い方保証）

自動車メーカーはシェアリング事業者へ車を提供した後に、(2)項のコネクテッドで述べたようにユーザーが使用する車のデータを取得するようにして、自社の開発へフィードバックできる。そこで、車の耐久性と信頼性の精度を向上させて適正な品質へコントロールすることがビジネス上の課題となる。一方、シェアリング事業者は車の使われ方のデータを顧客管理へフィードバックし、例えば「使い方が悪い人には制限を付けて貸す」などの施策を講じて車の品質を維持することがシステム上の課題となる。

（c）　個人情報の保護（ユーザー情報（ナビ・サービス使用履歴含む））

車という「モノ」の品質保証では、個人情報の守秘も含まれる。例えば、ナ

ビゲーションの履歴データ、各種サービスの履歴データが他者に流出しないように、削除等が確実になされることが必要であり、課題である。

(d)　車両ビッグデータによる劣化度合いのモニタリング

自動車メーカーは、シェアリング事業者の許可を得て、車両データを入手して劣化度合いをモニタリングし、消耗部品などを適切な時期に交換するように促すことが課題となる。万が一にもユーザーが使用中に壊れることがないように車の非稼働時間に交換や整備を実施することが品質保証する上で重要である。

1.2.2　「新モビリティ(コトづくりの道具)」として見た車の品質保証

次に、車を「新モビリティ(コトづくりの道具)」として見たときの品質保証の課題を挙げていく。この課題は、日頃自動車メーカーの最前線で品質保証を行っている研究会メンバー自らの経験と知見では検討し難い事項である。従来自動車メーカーは主に「モノ」としての車を品質保証しており、車を「新モビリティ(コトづくりの道具)」として捉えた価値の品質保証はそれ自体が新たな領域となるからである。

これらの課題も前節と同様、CASE の視点で分類してそれぞれの課題を挙げていく。

(1)　コネクテッド

コネクテッドに関する「新モビリティ」としての車の品質保証の課題は**図1.9**のとおりである。前項で述べたように、車は「モノ」としての品質保証をベースとして安全・安心な移動体であることが確保される。コネクテッドでは、その車がモビリティサービス事業者とつながることで、カーシェアリングやライドシェアリングなどのサービスの提供に寄与する。また、サービスの基盤(プラットフォーム)となるシステムやサービスを提供する事業者である

---

(1) コネクテッド：①安全・安心な移動体＋付加価値の提供（モビリティサービス）
②レコメンドサービス、移動体験の提供

(a) 各種の価値提供のための仕組みの品質保証

  ①プラットフォーマー・サービス事業者との協業の仕組み

  ②ユーザー満足度をフィードバックする仕組み

  ③開発時に付加価値にかかわるリスクを検証し対策する仕組み

  ④付加価値をマーケティングする仕組み

  ⑤ユーザーの嗜好の多様化に対する多角的サービスの企画創出ワークフロー

(b) モノの品質の上に成り立つサービス品質の保証

(c) サービスに対する品質保証と責任の線引き

(d) データの信頼性

(e) 新しい価値創造、および価値のリスク想定ができる人材の育成・確保

> 新たな課題

図 1.9　「新モビリティ」として見た車の品質保証の課題（コネクテッド）

プラットフォーマーとつながることで、レコメンドサービス（**1.1 節(2)**項を参照）や移動体験のサービスの提供に寄与する。ここでの品質保証の課題は、以下のとおりである。

(a)　各種の価値提供のための仕組みの品質保証

新たに品質保証すべき主な仕組みは次のとおりである。

  ①　プラットフォーマー・サービス事業者との協業の仕組み

  ②　ユーザー満足度をフィードバックする仕組み

  ③　開発時に付加価値[*4]にかかわるリスクを検証し対策する仕組み

  ④　付加価値をマーケティングする仕組み

  ⑤　ユーザーの嗜好の多様化に対する多角的サービスの企画創出ワークフロー

---

  *4　ここでいう付加価値とは、機能的価値、感情的価値を指す。

以下に、それぞれを説明する。

上記①は自動車メーカーにとっては新たに構築する仕組みである。従来自動車メーカーは販売店とつながり、販売店を通じてユーザーの要望やクレームを取得していた。一方、販売店は自動車メーカーがそれらの情報を反映した売れる車を受け取って販売している。長年かかって築き上げてきたWin-Winの関係である。しかし、これからのカーシェアリングやライドシェアリング、レコメンドサービスや移動体験の提供にあたっては、自動車メーカーはプラットフォーマーやサービス事業者を通じてユーザーとつながることになる。この仕組みを構築していくことが品質保証の新しい課題となる。

この課題に応えるには、従来の自動車メーカーと販売店の協業の仕組みを水平展開すれば良いのだろうか。ここで留意しなくてはならないのは、プラットフォーマーやサービス事業者にとって、自動車メーカーはサプライヤーに過ぎないということである。よって、自動車メーカーは、自社の車を利用してもらうためにさまざまな努力が必要であり、以下に説明する②〜⑤の仕組みが構築されると考えられる。

上記②は、ユーザー満足度向上のために、コネクテッドにより顧客の感想や意見を取得して車の品質対策や品質向上へ結び付ける仕組みである。従来は、事後アンケートでユーザーの満足度を得ていたが本音にたどり着くには限界があった。コネクテッドでは、例えば、顔センサー、脈拍センサー、発汗センサーやマイクを使えば、ユーザーの正直な反応をリアルタイムで取得できるようになる。これらを品質向上へ結び付ける仕組みが新しい課題となる。

上記③は、②の仕組みにより付加価値の提供を目的として、車の構造や部品を新規採用、変更する開発時において、そのリスクを検証し対策する仕組みである。例えば、設計FMEAの故障モードの抽出において、新規採用する部品に起因する従来のモノの視点での「人命や健康にかかわる不具合」「機能の欠陥」などに加え、コトの視点でリスクを抽出することで「不快感」や「退屈感」などが挙げられ、それらへの対策を行う仕組みが新たな課題となる。

上記④は、カーシェアリングやライドシェアリング、レコメンドサービスを

使ったユーザーの反応や、それらによる移動体験を、コネクテッドを通じてリサーチすることで、市場が求めている新しい体験サービスやモビリティの品揃えなどの提供をシェアリング事業者やプラットフォーマーに提案する仕組みである。自動車メーカーは従来の枠を越えて、いわゆるモビリティーカンパニーとしての新しい仕組みをもつこととなる。

　上記⑤は、自動車メーカーがサービス事業者やプラットフォーマーの代わりに価値創造を行う仕組みである。前述の④の仕組みの範疇を越え、この仕組みをもつことができた自動車メーカーは、自らがプラットフォーマーとしてのポジションを狙うことができる。具体的には、モノづくりで培った、確実に品質を保証したうえで製品化する「ウォーターフォール型」のワークフローに加え、価値創造では、アイデアスケッチ後にプロトタイプの試作と評価で高速に製品化する「アジャイル型」のワークフローを構築することとなる。この品質保証はまったく新規の課題である。

(b)　モノの品質の上に成り立つサービス品質の保証

　コネクテッドでは、前述のとおりカーシェアリングやライドシェアリング、レコメンドサービスや移動体験など、さまざまなサービスを提供する。サービスは車を介して提供されるので、自動車メーカーは「モノ」としての車の品質保証だけでなく、これらのサービス自体の品質保証が新たに課題となる。例えば、あるお客様（ユーザー）がプラットフォーマーが用意した「初夏の島めぐり」で駅からホテルまでを自動車メーカーA社の「真っ赤なオープンカー」を利用したとき、突然雨が降ってきたがルーフがすぐに閉まらず、お客様とお客様の荷物がずぶ濡れになってしまったらどうだろう。お客様は「こんなオープンカーに乗るんじゃなかった」と気分を害し、A社のオープンカーにクレームを出すかもしれない。SNSで拡散される可能性もある。「雨が降りそうなときにどうしてわが社のオープンカーを貸したのか」と言っても手遅れなのである。車という「モノ」を一番知る自動車メーカーだからこそ、サービス品質の保証をすべきであり、重要な課題となる。

（c）　サービスに対する品質保証と責任の線引き

　前述のように、自動車メーカーがサービスの品質保証まで業務を拡張してくるようになると、サービス事業者やプラットフォーマーの品質保証と干渉するのは必然である。そこで、サービスに対する品質保証と責任の線引きが必要となる。先の例「初夏の島めぐり」においては、自動車メーカー A 社の「真っ赤なオープンカー」をお客様（ユーザー）に貸すのは、サービス事業者の権限であるが、そのことが自動車メーカー A 社へ対する責任として生じるのか、ユーザー満足度に責任をとるのはサービス事業者か自動車メーカーかを考えなければならない。権限と責任はセットになるべきで、これらを予め線引きしておくことが重要な課題である。昨今の新型コロナウイルス対応を巡る休業要請では「要請を出す権限とその補償が国なのか都道府県なのか曖昧」とのことだが、このような状態ではユーザーの満足を得られないのは明白である。

（d）　データの信頼性

　車を「モノ」として捉えた場合の「自動運転」の品質保証では、運転にかかわるデータに高い信頼性が必要であるという課題があることを述べた。ここでは、車を「新モビリティ（コトづくりの道具）」として捉えた場合のコネクテッドのデータの信頼性を述べる。それは、ユーザーに対して付加価値を保証するために信頼性の高いデータを獲得することである。サービス事業者やプラットフォーマー、自動車メーカーは、実際の車の使われ方や本音のユーザー満足度をもとに、品質向上と開発を図るべきであり、そのための努力や工夫を行う。システムバグによる異常データはもちろん、最適解のアウトプットを阻害する故意による異常な使用や悪意をもった意見や感想のインプットを徹底的に防止する。このように、信頼性の高いデータを取得することが品質保証の課題となる。

（e）　新しい価値創造、および価値のリスク想定ができる人材の育成・確保

　すべての業務において人材の育成は重要な課題である。特に、コネクテッド

によってお客様(ユーザー)へ提供できるようになる付加価値や移動体験を創造、企画、開発する能力をもつ人材を育成することや人材の確保は、重要かつ必須の課題となる。しかし、人材育成の専門家たちの指摘は、「創造的な人材の育成は難しい」「創造する能力は先天的能力で教育できるものではない」というものである。創造的な人材をいかに見出して確保するかが、今後の大きな課題となるだろう。また、創造した価値のリスク想定は必須プロセスであり、これができる人材の育成も課題である。

(2) シェアリング

シェアリングに関する「新モビリティ」としての車の品質保証の課題は**図1.10** のとおりである。コネクテッドと同様、車は「モノ」としての品質保証をベースとして安全・安心な移動体であることが確保されるが、加えてシェアリングが提供する価値に関する品質保証の課題は、以下のとおりである。

(a) ユーザーの要望を満たすサービスの品質保証
新たに品質保証すべきサービスの品質要素は次のとおりである。
- ① 契約に対する妥当な品質(ユーザーが納得できる品質)
- ② 快適な利用環境

---

(2) シェアリング:安全・安心な移動体+付加価値の提供(モビリティサービス)

(a) ユーザーの要望を満たすサービスの品質保証
 ①契約に対する妥当な品質(ユーザーが納得できる品質)
 ②快適な利用環境
  ・キズ、ゴミ、汚れ、悪臭などの撤去
  ・乗りたいときにタイムリーに車を確保
(b) 稼働率確保のためのマネジメント
(c) 数社協業でサービスを実現しているときの保証スキーム

新たな課題

図1.10 「新モビリティ」として見た車の品質保証の課題(シェアリング)

以下にそれぞれを説明する。

　上記①は、料金や会費などのお客様（ユーザー）との契約に対して、車が妥当な品質であることの保証である。お客様に高額料金を出してもらっておきながら、「いったい、これが高級車なのか」と評価されてはならない。契約に対してお客様（ユーザー）が納得できる品質を保証することが、サービス事業者との協業での新しい課題となる。なお、ユーザーが納得できる品質を提供するために重要なことは、ブランドやイメージなどの価値観をユーザーと合わせることであり、継続的な市場調査が必要であると考えられる。

　上記②は、ユーザーにとって快適な利用環境を保証することである。シェアリングは、同じ車を多数のユーザーが順番に利用する「公共交通機関」と見なせる。ユーザーにはマナーとして「汚さない、汚れやゴミが出たら放置しない」を徹底してもらうが、完全に維持できるとは言い難い。シェアリング事業者は、キズ、ゴミ、汚れ、悪臭などユーザーが不快な事象の撤去はもちろん、快適さを提供できるようにしなければならない。そして、昨今の新型コロナウイルスによる生活様式の変化にも見られるように、このような衛生管理は差別化要因となるだろう（**2.2節を参照**）。また、ユーザーが乗りたいときにタイムリーに車を確保することも、ユーザーにとって快適な利用環境である。この体制の実現もまた重要な課題となる。

（b）　稼働率確保のためのマネジメント

　お客様（ユーザー）が乗りたいときにタイムリーに車を確保するためには、シェアリング事業者は少し多めの在庫（安心在庫）をもつ可能性がある。しかし、在庫は非稼働の車であり、収益を引き下げる。車の稼働率を確保しながらユーザー満足度を上げるマネジメントが必要となる。車の種類ごとの稼働率の平準化、時間ごとの稼働率の平準化と合わせて、大きな課題となる。

（c）　数社協業でサービスを実現しているときの保証スキーム

　あるプラットフォームの中にシェアリングが組み込まれている場合は、**(1)**

項のコネクテッドで述べた自動車メーカーとシェアリング事業者のサービスに
対する品質保証と責任の線引きの課題と同様、シェアリング事業者とプラット
フォーマーとの保証スキームが新たな課題となる。自動車メーカー、シェアリ
ング事業者、プラットフォーマーの三者[*5]の品質保証と責任を予め線引きし
ておくことが重要な課題である。

　以上が、筆者らの研究会で議論の結果、挙げられた2030年の品質保証の課
題である。

1.3　品質保証の課題の整理

第1章の締めくくりとして、以下3つの視点で課題をまとめてみる。

（1）　モノの品質保証の視点

　一つ目の視点は、モノの品質保証の視点である（図1.11）。

　この視点では、2030年は、「品質を決めるのは、お客様（ユーザー）である」
を最優先にした品質保証に変化することによる課題が重要となる。なぜなら、
お客様（ユーザー）の概念が変わるからだ。

　これまでは、車を買っていただく方がお客様だった。「お客様」と言いなが
ら、売る側が客層を区別して提供していた。しかし、これからは車にかかわる
すべての関係者がお客様となる。これらは、「個人」「地域の方々」「社会」のこ
とで、"自動車ユーザー"は、一人ひとりに加えて、「地域の方々」と「社会」
もお客様となるのである。また、お客様（ユーザー）の品質への期待も変わる。
これまでは、「所有」する車の品質で、高耐久性、安定性という画一的な品質
が期待されていた。よって、プロダクトアウトでも良かった。しかし、これか
らは「利用」する車の品質で、高耐久性よりも、予測できること、故障する前

＊5　第3章では、自動車メーカーをモジュール、シェアリング事業者をコンテンツプロ
　　バイダーというMaaSの概念を示す用語で整理している。

---

(1)　モノの品質保証

⇒「品質を決めるのは、お客様(ユーザー)である」を最優先にした品質保証へ

①対象のお客様(ユーザー)が変わる

　　【これまで】　・車を買っていただける方がお客様：「客層」
　　　　　　　　　※"お客様"は個人でなく集団とみなす

　　　　　　　　　　　　　⬇

　　【これから】　・車にかかわるすべての関係者がお客様：「個人」「地域の方々」
　　　　　　　　　　「社会」
　　　　　　　　　※"自動車ユーザー"には、一人ひとりへの対応
　　　　　　　　　　加えて、「地域の方々」と「社会」もお客様となる

②お客様(ユーザー)の品質への期待が変わる

　　【これまで】　・「所有する」車の品質　＝　高耐久性、安定性(画一的)
　　　　　　　　　　　　　　　　　　　　　　プロダクトアウトでも良かった……

　　　　　　　　　　　　　⬇

　　【これから】　・「利用する」車の品質　＝　高耐久性よりも、予測できること
　　　　　　　　　　(故障する前にメンテナンス)
　　　　　　　　　・快適性、清潔性など、多種・多様(移動の目的に見合った品質)
　　　　　　　　　　　　　　　　　　　マーケットインでなければ取り残される……

図 1.11　モノの品質保証の視点の課題

にメンテナンスできることが、大いに期待される。また、移動の目的に見合った品質である快適性、清潔性など、多種・多様な品質要素が期待されることになり、これはマーケットインでなければ実現できず、できなければ、その自動車メーカーは確実に取り残されることになる。

(2)　コトの品質保証の視点

　二つ目は、モノの品質の上に成り立つ、コトの品質保証の視点である(**図1.12**)。

　この視点では、ヒトとヒトを取り巻く環境・社会に役立つことを中心に据えた品質保証を行うことが課題となる。これまでは、モノの機能の品質、モノがどれくらい壊れないかの品質保証が求められた。しかし、これからはお客様(ユーザー)が要求する品質が、モノの品質からコトの品質へ変わるため、コト

---

(2)　コトの品質保証(モノの品質の上に成り立つ)
　⇒　ヒトとヒトを取り巻く環境・社会に役立つことを中心に据えた品質保証へ

①対象の品質が増える
　【これまで】　・モノの品質：機能的価値、ハードの価値(機能的品質)
　　　　　　　　・モノを中心に据えた品質保証(どれくらい壊れないか?)

　【これから】　・コト、サービスの品質：体験や経験価値、時間や空間などソフトの
　　　　　　　　　価値(感情的品質)
　　　　　　　　・ヒトを取り巻く環境・社会を中心に据えた品質保証
　　　　　　　　　(どれくらい役に立っているか?　快適か?　安心か?　便利か?)

②品質保証の体制を変える
　【これまで】　・"待ち"の品質保証(市場クレームの対策など)
　　　　　　　　・販売店を通した活動

　【これから】　・"攻め"の品質保証(ユーザーの要望の先取りなど)
　　　　　　　　・プラットフォーマーやサービス事業者との協業
　　　　　　　　　<MaaS としての「プラットフォーム総合的品質保証」>

図 1.12　コトの品質保証の視点の課題

(サービスなど)の品質、つまり、体験や経験価値、時間や空間などソフトの価値、いわゆる感情的価値(3.4 節を参照)に対する品質保証も求められる。さらに、ヒトを取り巻く環境・社会を中心に据えた、どれくらい役に立っているか?　快適か?　安心か?　便利か?　についても品質保証することが求められるのである。

　これらに伴って品質保証の体制を変える必要がある。これまでは、市場クレームの対策など、販売店をとおした"待ち"の品質保証で許されていたのではないか。しかし、昨今、お客様(ユーザー)は、SNS を通じて「もの言うお客様」となり、クレームの増加は企業の命取りにもなりかねない状況となっている。加えてこれからは、クレームを防止するだけでなく、ユーザーの要望に対して「痒いところに手が届く」ような、ユーザーの要望を先取りすることが必要となる。これは、プラットフォーマーやサービス事業者との協業、つまり、

MaaS としての「プラットフォーム総合的品質保証」（詳細は **3.4** 節を参照）、いわゆる"攻め"の品質保証である。

（3）　人材育成・風土づくりの視点

　三つ目は、人材育成・風土づくりの視点である（**図 1.13**）。

　この視点では、「品質の軸の多様化」に対応できる"企業"への変革、そして、「現場（ユーザーやサービス事業者の前）で即対応できる」品質保証体制をつくることが課題となる。なぜなら、2030 年は、品質の軸が多様化するからである。

　これまでは、すべての項目が「重要項目」として、100％品質が期待されていた。しかし、これからは、お客様（ユーザー）の期待は多様化し、標準値を

（3）　人材育成・風土づくり
　⇒　「品質の軸の多様化」に対応できる"企業"への変革
「現場（ユーザーやサービス事業者の前）で即対応できる」品質保証体制づくり

①品質保証の軸の多様化
　【これまで】・お客様（ユーザー）の期待はモノの機能的品質のみ
　　　　　　　　⇒「100％品質（すべての項目が「重要項目」）」
　【これから】・お客様（ユーザー）の期待は多様化
　　　　　　　　⇒さまざまな要求に寄り添った価値の保証を実現（「主客一体」の品質保証）
　　　　　　　・スピード重視
　　　　　　　　⇒ソフトウェア製品の品質保証の考え方をハードウェアにも適用

②多様化に対応できる人材育成・風土づくり
　【これまで】・「95 点」を獲得できても、マイナス 5 点と叱られる（減点主義）
　　　　　　　・現場で判断できない（上司の判断が必要）：必要な力量が不明確、かつ力量不足
　【これから】・まったく新しいことは、「60 点」でも褒められる企業風土への変革
　　　　　　　・必要な力量が明確で、力量のある人材に権限が委譲されている

図 1.13　人材育成・風土づくりの視点の課題

もってつくれば良いという考えが通用しなくなる。よって、異なる多様なお客様(ユーザー)一人ひとりの要求に寄り添った価値の保証を実現すること、まさに、茶の世界でいう「主客一体」の品質保証が必要となるのである。

　また、言うまでもなく、圧倒的にスピード重視となる。そのため、ソフトウェア製品の品質保証の考え方をハードウェアにも適用することがポイントになるのではないだろうか。

　したがって、2030年には、多様化に対応できる人材育成が重要な課題となるのである。力量としては、ビッグデータ解析など高度なデータ分析力に加え、新たな市場や品質価値を創造、企画するイノベーティブな能力が求められる。

　上記のような人材を育成するために企業風土の変革も必要となる。これまでは、「95点」を獲得できても、マイナス5点だと叱られる。品質保証は、まさに減点主義であり、100点満点が当たり前なために褒められることは絶対にないという声が聞こえてきていた。そのため、怖くて現場で判断できない人が増えてきていないだろうか。

　これからは、まったく新しいことをやったのであれば、「60点」でも褒められる企業風土へ変革しなければならない。そして、現場の力量を明確にして、適切な権限移譲がなされている、そのための人材育成が、2030年の品質保証に応えていくための最重要課題となるのである。

　ここまで、本章では、自動車を取り巻く環境変化について論じてきた。このなかで、まったくの新規となる「コトづくり」の品質保証を詳しく正確に考えていきたいと思う。

　そこで、**第2章**では、現時点での「コトづくり」の先進事例をベンチマークしていく。

参 考 文 献

1)　デロイト トーマツ コンサルティング:『モビリティー革命2030——自動車産

業の破壊と創造』、日経 BP 社、2016 年

2)　一般社団法人日本損害保険協会　ニューリスク PT：『自動運転の法的課題につ
　いて』、2016 年 6 月

第2章

コトの品質保証と
感情的品質

前章では自動車業界におけるパラダイムシフトによる品質保証の課題について検証を行い、「モノの品質保証」「コトの品質保証」「人材育成・風土づくり」の3つの視点での課題を抽出した。

これら3つの視点のうち「コトの品質保証」への取組みが製造業においては十分といえる状態にはない。そのため、筆者らは「コトづくり」を行っていく際に参考となる考え方と先進的な事例についてベンチマークを行い、研究の方向性を定めた。本章ではこれらについて述べていく。

2.1　デザイン思考と品質保証

　製品を所有することから、どのように使うのか、どのような体験ができるのか、といった「モノ」から「コト」へのお客様の価値観が変化していく中で、従来とは飛躍的に変わる「新たなユーザー満足」の保証を考えなければならない。そこで、「コトづくり」を検討するにあたり、「新たな価値」を創造する方法として活用が進んでいるデザイン思考について木村デザイン研究所の木村徹氏[*1]にお話を伺った。本節の内容は、木村氏から学んだこととそれを自動車業界に当てはめて考えたものである。

2.1.1　デザインという仕事

（1）　デザイン品質

デザイン品質とはお客様（ユーザー）の期待に応えることであり、次のことを考える。

- 「こんなの欲しい！」を実現すること
- 見て、乗って、使って、満足していただけること
- 誇りをもって使っていただけること
- 知り合いに紹介したくなるようなものであること

（2）　デザインの仕事

デザイナーは課題を与えられた際に、①5W2H、②背景・歴史的変遷、③他業種の３つの視点から学ぶあるべき姿の「落としどころ」は何かを検討する。

　このときにデザイナーの頭の中をのぞくと、潜在化しているモノやコトを「暗黙知」として左脳で考え、右脳で仮説に美的昇華させデザインとしてまと

[*1]　木村徹氏（木村デザイン研究所所長）は、トヨタ自動車㈱で長きにわたり車のデザインを担い、グッドデザイン賞、ゴールデンマーカー賞、日本カーオブザイヤーなど、数々を受賞。現在は、名古屋芸術大学、静岡文化芸術大学、名古屋工業大学で「デザイン思考」を教えながら人材育成を行っている。

めることを行っている。

　以下では、課題として自動車デザインが与えられた場合についてどのような検討をするのかを考える。

(a)　3つの視点から学ぶ
①　5W2H
　まず5W2Hでは、先にWhat(テーマ)、Why(テーマを取り上げた理由)の2Wを考える。これを最初に決めると方向性がぶれることがない。

　次にHow(どのように?)でテーマを実現するための方法を考え、When(何時)、Where(何処で)、Who(誰が)、How much(いくらで)の3W + 1Hで目標とするターゲットを絞っていく。

②　背景・歴史的変遷
　例えば、自動車であれば次のように変遷してきた。
- 1886年にドイツでガソリン自動車が誕生
- 英国(欧州)で高級車の思想が形成
- 米国で大衆化・一体化・巨大化(快適性を追求)
- 日本でエコロジー化(持続性を追求)

このように、過去を振り返って、現場を観察し今何が起きているのか、これからどう変化していくのか現状を理解していく。

③　他業種
　参考にする他業種として、例えば、オーディオと時計を取り上げると、日本企業の変遷とプロダクトの2極化が見えてくる。オーディオでは高級オーディオとデジタルオーディオ、時計では高級時計と実用時計といった具合である。

(b)　あるべき姿の「落としどころ」
　前項に示した3つの視点からあるべき姿の「落としどころ」を見つけ出し、

美的昇華させて商品としてまとめる。例えば、スマートフォンが携帯電話(ガラケー)にとって代わったようなエポックメーキングな変化を遂げる新たな自動車の提案などである。

あるべき姿の「落としどころ」を考える際に気をつけなければならないことは、答えが今までの延長線上に必ずあるとは限らないことである。むしろ、延長線上にはないと思ったほうが良いだろう。そのため、図**2.1**に示すトレンドの時代性を考える必要がある。世間の常識は時とともに変化していき、現在の世間の常識というものは近い将来は保守的になり、時代遅れとなる。そして、現在は先進的な考えであっても未来には常識となっていく。したがって、常に時代を読みながらトレンドを判断し落としどころを検討していく。

ただし、先進的な考えは方向性を誤ると非常識となってしまう可能性がある。これはお客様(ユーザー)自身も変化の先の未来に自らが何を欲するかわからない、すなわち、お客様(ユーザー)も答えをもっていないということである。

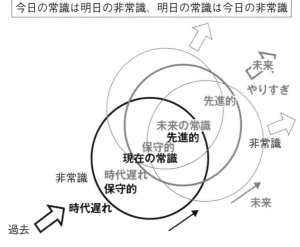

図 2.1　トレンドの時代性

2.1.2　デザイン思考

　デザイン思考とは、会社運営や、新しい商品を開発するときにデザイナーが
モノづくりをするときの考え方や、その開発プロセス（0 から 1 を生む）を応用
することで、効率よく新しい世界を生み出そうという考え方である[2]。

（1）　デザイン思考の 4 段階
　デザイン思考では次の 4 つの段階を経て物事を進めていく。

　①　観察・共同化（ユーザーとの対話を通じて暗黙知を獲得する）
　ユーザーは言葉では教えてくれないため自分で新しい世界を推測するしかな
い。そこで対象とするモノ・コトの歴史的変遷をたどることで未来を予測す
る。お客様（ユーザー）のニーズは潜在化しているために予測しにくいが、その
点も含めて仮説を立てる。

　②　概念化・表出化（チームの対話から暗黙知を形式知へ変換）
　次の段階では予測して獲得したアイデアの素となる暗黙知を、現状把握から
仮説を立てて誰しもが理解できるキーワードを用いて構築しコンセプトを創り
形式知へと変換する。ここで気をつけなければならないことは、現状と考えた
コンセプトの内容の差（変革内容）が大きいほど既得権をもつ者の抵抗があるこ
とである。半数以上の同意を得られるようにしなければならないことに留意す
る。

　③　プロトタイプの試作（モノ・コトとの対話から具体化し体系化）
　この段階では、構築したコンセプトを実体のある形へと視覚化し、具体的な
行動計画にして一般の人たちも判断しやすくする。そして実行しながら構築し

　＊2　デザイン思考の考え方は木村徹氏から伺ったことにもとづいている。

たコンセプトが正しい方向に進んでいるのか試行錯誤しながらプロトタイプを体系化する。

④　形式知から暗黙知へ

新しく構築したコンセプトを実行しているうちにこれが当たり前になり、そうすること、そうであることが当たり前となり無意識になる。そして、数年するとまたユーザーの様子を観察しながら、次のテーマを発見していく。これの繰り返しが永遠に続き決して終わりはない。

(2)　自動車へのデザイン思考の適用

前項に示したデザイン思考を自動車および自動車業界の品質に当てはめると以下のようになる。

①　観察・共同化(ユーザーとの対話を通じて暗黙知を獲得する)

自動車および自動車業界の未来を予測するために、まずは現在の自動車におけるメリットとデメリットについて考えてみる。

デメリットとしては、一つ目は周りの車と会話(同調)することもできずにぶつかってしまう(群れになって同時に方向転換することができる小鳥や小魚よりも劣っている)。二つ目に止まっている時間のほうが長いにもかかわらず走っているときの格好しかしていない(服や家具は使っているときとそうでないときのことを考えられてつくられている)。三つ目にエネルギーの無駄使い(乗車人数の実態は 1.3 人なのにほとんどが 5 人乗)などが挙げられる。

一方、メリットとしては、ドア to ドアで移動できること、好きな時間に移動できること、などが挙げられる。

こういった情報の中からお客様(ユーザー)の中で潜在化しているコト(暗黙知)を予測する。

②　概念化・表出化(チームの対話から暗黙知を形式知へ変換)

予測した暗黙知について、自動車および自動車業界の現状把握を行ってみると CASE のキーワードで 100 年に一度と言われる大きなパラダイムシフトが起きている。CASE の中でも Shared(シェアリング)によって顧客が個人から法人に移り、自動車に求められるコンセプトが大きく変わる。このため、例えば、壊れなくて丈夫、扱いやすくメンテナンス(修理)がしやすい車であることなど、品質の考え方も変わることが予測される。

③　プロトタイプの試作(モノ・コトとの対話から具体化し体系化)

CASE のキーワードでパラダイムシフトが進んでいくと、従来の延長線上では考えられない自動車が生み出されることが予想される。

例えば、車高とともに変わるドライビングポジションや、ホイールベース、車幅を可変させることでスピードに応じた最適な形状に変化する車体、これまでのドア to ドアからベッド to ベッドへの進化など、ユーザビリティを追求した現在の自動車の概念を飛び越えたモビリティが生み出され、これらを実現するために試行錯誤する。当然、品質の考え方も従来の延長線上にはないと考えなければならない。

④　形式知から暗黙知へ

新たに生み出した自動車のモデルが当たり前になり、そうすること、そうであることが当たり前となり無意識になる。

2.1.3　デザイナーから見た品質保証

品質保証とは商品提供側の最後の砦である。また、ユーザーと提供側のつなぎ役でありユーザーへのコミットメント・信頼を構築し、ブランドを確立しなければならない。

経営目標(利益追求ではなく人間性の実現と社会性の確保)の達成のために経営資源を最も効果的に活用し成果を挙げる品質マネジメントの構築が必要であ

る。品質マネジメントの対象としては、人、モノ（時間）、金、情報の経営資源に加え「信用（ブランド）」も必要である。ただし、「信用（ブランド）」は社内に蓄積できないことに留意する。

　品質保証には次のとおり大きく2つの軸がある。①可能な限り壊れにくくすること、および②適正な品質である。ここでいう適正な品質とは、死亡や火災などの安全にかかわる重大な問題につながる不具合は発生させないことは当然であるが、その他の不具合に関しても発生させないことを前提とするもののある程度許容するという考え方である。例えば、事前にメンテナンス周期を決めておき、その期限が来たら交換することで品質を保証するのである。ただし、発生した場合の対応については準備しておく必要がある。

　現在の日本の品質保証の主軸は上記①の考え方だが、MaaS の時代になると品質の考え方が大きく変わり、上記②の考え方も台頭してくると考えられる。

　ここまで、デザイン思考の考え方とデザイナーから見た品質保証について述べた。次節では、他業種で行われているコトづくりの事例を見ていく。

2.2　㈱JTB に学ぶ MaaS プラットフォーマーの課題と対応策

　㈱JTB といえば、旅行仲介業では知らない人はいない、売上高1兆3,000億円を誇る、日本最大かつ世界有数の事業規模を有する企業である。その㈱JTB が、いまや「旅行仲介業」から抜け出し、プラットフォーマーに変貌すべく、既にいくつもの実証実験を行っているという。

　筆者らは、コトづくりの品質保証の参考とすべく、それら実証実験のリーダーとして活躍されている㈱JTB コミュニケーションデザインの黒岩隆之氏にプラットフォームの品質保証についてインタビューした（2019年1月8日取材）。

（1）　旅行仲介業としての品質保証

　私たちは、ひと昔前まで、観光や宿泊を伴う旅行や出張を行う際には、ほとんどは㈱JTBをはじめとする「旅行仲介業者」にコンタクトして、交通手段と観光地や宿泊施設をまとめて手配してもらっていた。そして「旅行仲介業者」もそのニーズに応えるべく、格安パックの設定や、より喜ばれるプランを積極的に提案し、多くのお客様（ユーザー）を取り込み、収益を得ていた。

　そこでの品質保証の課題は何だったのか。黒岩氏によれば、「代表的なことはチケットを必ず取ること」とのことである。筆者らは少し意外に感じたが、旅行仲介業としての最大の責務は旅行を実現させることと考えれば至極当然なのである。また、その品質の評価は、「「お客様（ユーザー）の声」が一番大事で、お客様が何を感じたかをお客様による「5段階評価のアンケート」で直接得ている」とのことであった。アンケートで得た評価は、旅行プランの設計にフィードバックされており、常に質を高める努力をされている。

　チケットを取ることは「当たり前品質」であり、お客様（ユーザー）の声をもとに旅行仲介業としての「魅力品質」を高めていくという品質保証をされていた。

（2）　旅行仲介業からプラットフォーマーへ

　ところが、「時代は急速に変化してきた」と黒岩氏は言う。最近のPCやスマートフォンなどの急速な普及により、お客様（ユーザー）は旅行仲介業者を介すことなく、目的地の観光地や宿泊施設、交通機関に直接コンタクトできるようになった。観光地や宿泊施設、交通機関もこの変化に乗じて自らアプリを提供し、直接お客様を誘導するようになった。そして、多様化するお客様ニーズとのマッチングの良さが相まって、「店頭にお客様が来る時代は終わった」という。「旅行仲介業はもう要らない世の中になった」という強い危機感が、㈱JTBのプラットフォーマー*3としてのスタート地点であったとのことである。

---

　*3　プラットフォーマーとは、顧客との接点を握り、業界間横断的に多様なデータ基盤を収集・蓄積し、サービス提供者との連携の媒介となるプレイヤーのこと。

　以来、これまで黒岩氏は㈱JTBにおいて、「旅行仲介業」から「旅行仲介業を一つのパーツとするプラットフォーム」へと変貌するために、プラットフォームをデザインし、以下に示す多くの事業および実証事業に取り組まれてきた。

- 道の駅のグルメナンバーワンを決定する「道-1グランプリ」(2016年～：JTBが実行委員会)
- 会津若松駅周辺4キロ四方で実証実験された、人工知能(AI)がリアルタイム処理を行うことで、需要に応じて最適な時間に、最適なルートで、最適な運行を行う「AIバス」(2018年3月：JTB、会津電力、NTTドコモの3社)(**図2.2**)。
- 訪日外国人旅行者の大型手荷物を、オンライン手続きにより簡単に全国の空港から宿泊施設、あるいは宿泊施設間で配送することで、手ぶら観光を支援する「手ぶら観光支援サービス(LUGGAGE-FREE TRAV-

出典)　会津電力㈱のWebサイトより。https://aipower.co.jp/archives/tag/ai%E9%81%8B%E8%A1%8C%E3%83%90%E3%82%B9

図2.2　AI運行バス

EL）」（2018 年 4 月～：JTB、パナソニック、ヤマトホールディングスの
3 社）（**図 2.3**）

- 旅行者の選択・判断・手続きの負荷低減とサービス事業者との最適なマ
  ッチングを実現し、旅行者に付加価値の高い体験を提供する「情報銀行
  （情報信託機能）サービス」（2018 年 12 月～：JTB、大日本印刷の 2 社）
  （**図 2.4**）

- 国内の各自治体と連携し、道の駅をハブにした、地域の魅力を渡り歩く
  旅を提案する地方創生事業「Trip Base（トリップベース）道の駅プロジ
  ェクト」（2020 年秋～：積水ハウス、マリオット・インターナショナル
  の 2 社と JTB 協業）（**図 2.5**）

これらはまさに車を MaaS のうちの一つの手段として利用する、地方創生
をメインとしたプラットフォームといえる。

　JTB には、「成功事例を他の事業へつないでいく役割がある」と認識され、
「移動は手段であって目的ではない。目的は行き先である」と、手段と目的を
ワンストップで提供するプラットフォームの提供に尽力されている。

出典）　https://www.luggage-free-travel.com/jp/about.html

図 2.3　手ぶら観光支援サービス（LUGGAGE-FREE TRAVEL）

画像提供）　大日本印刷㈱。https://www.dnp.co.jp/news/detail/1190626_1587.html

図 2.4　情報銀行(情報信託機能)サービス

画像提供）　積水ハウス㈱

図 2.5　Trip Base(トリップベース)道の駅プロジェクト

(3)　日本におけるプラットフォームの課題

プラットフォーマーとしていくつもの実証実験を現場で仕掛けてきた黒岩氏に、日本におけるプラットフォームの課題を尋ねると、現時点の課題は、山積状態とのことであった。以下、順番に見ていく（表2.1）。

- 何より、データの統一・集約化が、当面の最大の課題である。欲しいデータが思うように入手できたら、どんなにやりやすいことか。
- 日本にはサービスプロバイダーが多く、共同事業体ができにくい。外国のように少なければ、新興国であってもリープフロッグ（順序どおりでなく一気に飛び越えて進むこと）の可能性が高い。日本においてどのようにプラットフォームを構築するか。
- MaaSのコンテンツの代表格であるタクシーやバスの継続的な運用に際して課題となる、運用効率や生産性の向上に対して、既存の法律や既得権、慢性的なドライバー不足や高齢化が大きな足枷となっている。

表2.1　プラットフォームの課題

- **データの統一・集約化**
- 日本はサービスプロバイダーが多くてコンソーシアムができにくい（外国は少なく、やりやすい）
- プラットフォームへの外資企業の参入
- **交通の利用効率向上の必要性**（タクシードライバーの高齢化、バスドライバーの不足）
- **「技術的には可能だが法的にできないこと」の克服**（タクシーのシェアリングは運輸業法上不可能。しかし、旅行業法ではできる。JTBの旅行商品として実現）
- 既得権が障害となる
- リピート率の向上（地域とのつながりが重要な要素、物語の創出（わくわく感））
- MaaSは、地方で実施することが適している（都市では必要性少ない）
  - ⇒① まず、やってみること
  - ② 1社では限界がある。複数の会社が集まってやること
  - ③ 法の改正は遅い。出口を真剣に見つけること

- 法整備の遅れから技術的には可能なことであっても法的にできないことがある。例えば、タクシーの相乗りは運輸業法上できないが、旅行商品としての展開は、旅行業法上では可能だったので、JTB は旅行商品化することで実現させた。

- 障害としての既得権の克服。言うまでもなく、新しいことをやろうとすると、必ずぶつかる障害である。相乗り＝白タクという既成概念で抵抗するタクシー業界の政治活動などがあるが、根気強く、克服していく必要がある。

- お客様(ユーザー)のリピート率の向上。これは日本に限った課題ではないが、プラットフォームは前述した実証実験レベル(時限)ではなく、継続性が必須である。これには、地域とのつながりが重要な要素で、物語を創出できるかが鍵となる。いわゆる、「ワクワク感」の創出である。

　社会と多種の企業、そしてさまざまな人の集合体となるプラットフォームはルールをつくるだけでも大変な作業である。よって、課題が多いのは当然である。そのなかでも、未だ実証実験段階ではあるが、継続性と独立採算性が、主な課題として挙げられた。

　黒岩氏は最後に、「プラットフォームは、①まずやってみること、②1社で行うには限界がある。複数の会社で行うこと、③法の改正を待つのではなく、出口を見つけること」と付け加えられた。当然、品質保証も、これに追従できるものでなくてはならない。

(4)　プラットフォーマーの品質保証の課題

　黒岩氏が考える品質保証の課題と対応をまとめると次のとおりである(**表 2.2**)。

- DMP[*4] を品質保証するために、受け入れる側(観光地や宿泊施設、交通機関など)の人材育成が必須となる。

- MaaS プラットフォームでは、個々の車や交通機関を品質保証するのではなく、プラットフォーム全体を品質保証することになる(**3.4 節**を

表 2.2　品質保証の課題と対応

- DMP(Data Management Platform)の品質保証
  ⇒受け入れる側の人材育成が必要
- 品質保証の立上げ時はプラットフォーマー主導だが、維持管理が重要な課題
  ⇒個別の品質保証ではなく総合的品質保証となる(別会社をつくるか模索中)
  ⇒自動車メーカーは、事業のサプライヤーの一つに過ぎず、個々のサービス事業者がお客様の品質保証を行う
- 品質は、「お客様の声」で評価(従来どおり)
  JTB グローバルアシスタンス(約100名)が、お客様目線で、対応策を提案
  ⇒黒岩氏個人の見解では、重要な品質は、「乗り心地」よりも「抗菌」
- お客様は、感動体験にお金を払うようになる
  ⇒個人の感動体験を吸い上げること(匿名⇒顕名)
- 品質の KPI は、やってみないとわからない。
  ⇒走りながら都度考えて設定・改善する
  ⇒クレームは絶対放っておいてはいけない(SNS で拡散し、大問題になる)

参照)。実際に維持管理をどのようにするのかは現在模索中で、専門会社をつくるかもしれない。その枠組みの中で自動車メーカーは、プラットフォームへのサプライヤーの一つとしての品質保証を行うに過ぎず、個々のサービス事業者(**第3章**でいう「コンテンツプロバイダー」)がお客様の品質保証を行うことになる。

- 品質評価は、従来どおり「お客様(ユーザー)の声」で評価することになる。JTB では、これを受けて、専用コールセンターが、お客様目線で対応策を提案している。なお、黒岩氏個人の見解では、例えば、乗用車の持ち方が「所有」から「利用」に変わったとき、車の重要な品質は「乗り心地」よりも「抗菌」となるという。現場を知る方からの大変興

＊4　DMP(Data Management Platform)とは、パブリックデータと呼ばれる外部企業が提供するビッグデータや社内のさまざまな情報を収集・分析しマーケティング施策につなげるためのプラットフォームのことである。情報を収集・分析することにより、消費者の嗜好性や興味・関心をリアルタイムで把握し商品の改善・開発につなげたり、新規顧客開拓につなげたりすることができる。

味深い知見である。

- お客様は個人の感動体験にお金を払うようになる。そこで、品質保証は、個人の感動体験を吸い上げ、顔の見えない「匿名」のお客様を、個人を特定したお客様一人ひとりを対象とする「顕名」へと変えていく必要がある。

- 品質の KPI（重要業績評価指標）は、どのようになるかは未だわからないという。走りながら都度考えて設定・改善するべきである。ただし、品質保証の課題として確実にいえるのは、クレーム対応のスピードアップである。絶対に放っておいてはならない。SNS であっという間に拡散され、大問題になる。そのための体制が絶対に必要である。

実際に、プラットフォーマーとして現場で実績を出されている黒岩氏の知見と示唆は、研究会メンバーにとって大変有意義なインタビューとなった。

(5)　学んだことと生かしたいこと

黒岩氏へのインタビューを受け、研究会メンバーで議論し、共有したことは以下のとおりである。

- 複数の会社（組織）が連携したサービスビジネスでは、保証する責任の範囲を明確にし、現場の判断でお客様（ユーザー）に迅速に対応できる体制が必要である。そのことが、お客様の安心感につながるのである。提供するものが形のないサービスだからこそ、その場で解決できることがある。

- 車を例にとれば、プラットフォーマーが車の状態を把握すべきである。そして、それを自動車メーカーに正確に伝えることがお客様満足の向上につながる。

- サプライヤー（第 3 章では「モジュール」と表記）は生き残るために、「モノづくり」だけでなく、「コトづくり」にもかかわらなければならない。そして、サプライヤーは、お客様（ユーザー）の多様化するニーズを把握することが必要で、要求品質には、個人ごと、あるいはグレード（クラ

ス)ごとに、柔軟に対応できる能力が必要となる。

- 所有するモノはお客様(ユーザー)が求める品質に応える必要があるが、共有するモノはシンプルな品質で対応できると考えられる。
- 製造業が単独で、多様化する品質に対応したり、何が必要かを想像するのは難しそうである。

以上のように、筆者らは、プラットフォームにおける品質保証の課題を明確にすることができた。

2.3　コトの保証の必要性

前節で述べたように、これまでの「モノ」中心の製造業の品質保証では、お客様の要求を満たすことが難しくなるだろう。なぜなら、機能的品質に偏った品質保証をしている現状では、本当にお客様が何を求めているかを共有することが難しいからである。第1章で提案しているように、製造業においても「コト」の品質に関与していきお客様の要求が何であるかを理解した品質保証に変えていく必要がある。本節ではコトの品質とは何かを具体的に考える。

2.3.1　コトの品質保証の考え方

㈱JTBでは、プラットフォーマーとしてまさにコトの保証を実践していることを前節で紹介した。お客様中心のサービス提供を行いその保証も実践している。例えば、海外からの旅行者が日本の国内移動の際に、トランクを別送するサービスを実施している。その輸送中にトランクのローラーが破損した場合にすぐに修理できなかったり、代替品も用意できない状況が発生したとする。このように修理や代替品の用意がすぐにできないとき、お客様が帰国後自宅に帰ってから修理できる十分な金額を補償することなどをお客様が納得した上で対応するようにしているとのことである。これは、あらかじめ決まったルールがあるわけではなく、お客様に対応する現場の判断で実施している。お客様にとって、今何が必要かを現場が判断し最適な対応や補償を実施することを是と

している。まさにお客様の要求を満たす「コト」を重視した保証を実践しているといえよう。主客一体の保証の好例である。筆者らが知る限り製造業の品質保証でこのような例は少ない。

2.3.2 「コト」の保証と感情的品質

(1) コトの保証に必要な感情的品質

これからはプラットフォーマーやサービス事業者(第3章では「コンテンツプロバイダー」と表記)との協業で、MaaSに対応した「プラットフォーム総合的品質保証」(詳細は3.4節を参照)が必要になる。コトの保証を行うためには、速い、燃費がいいなどの「機能的品質」の保証だけでは限界があり、格好いい、美しいなどの「感情的品質」も保証していくことがモノの保証以上に求められる。感情的品質を含んだ品質をお客様品質と考え保証していくことがコトの保証には欠かせない。さらに、そのサービスを通じて得られる、楽しい、気持ちいいなどの体験に関する感情的品質も保証することが求められるようになると考える。

本書では、機能的価値を品質保証する場合の品質要素を「機能的品質」、感情的価値を保証する場合の品質要素を「感情的品質」と表現している。なお、文脈によって、機能的価値と機能的品質および感情的価値と感情的品質を同義として扱っていることをお断りしておく。

コトの保証と感情的品質について具体的に考えてみたい。

(2) モノの感情的価値

(a) トヨタ自動車㈱の事例

ブランド価値を高めるために、感情的価値を高めていかなければならないことは従来から提言されている。自動車の事例でいうと、ブランドや製品のイメージに関する感情的価値を高めていくことで成功したトヨタ自動車㈱の「レクサス」がある。レクサスは、欧州のメルセデス・ベンツや米国のキャデラックなどに対抗すべくプレミアムブランドとして1989年に米国で立ち上げられ

たブランドである。徹底的に機能的価値を作り込むと同時に感情的価値を高めて、ブランドとしてのストーリーを確立したといわれている。このブランドの確立を牽引した最上級車のレクサスLSは、すべての機能について徹底的に作り込み他社に負けない機能的価値を実現した。その機能的価値を作り込んだことをストーリーとしてお客様に伝えることで感情的価値を創り上げることに成功した。例えば、エンジン振動を防振材などで抑えるのではなく、設計や製造公差を追求し基本機能で振動を抑えて実現した。それをお客様に伝えるために、ボンネットの上にシャンパングラスを置いた実車をローラー台で運転し、高速運転時と同条件のエンジン振動でもシャンパンがこぼれないことをテレビコマーシャルで流した。これにより圧倒的な機能の優位性を訴えることに成功した。製品・サービスの「質感」「デザイン」「サプライコントロール」「サービス」などの機能的価値を作り込み、それをお客様に「ストーリー」として訴求することにより感情的価値として認められ、既存の歴史あるプレミアムブランドを超えるまでブランド価値を高めることに成功した。

　もちろん圧倒的な信頼性や耐久性などの機能的価値があったがゆえの成功である。車の信頼性、耐久性はもちろん性能、音、振動などやデザイン、質感などの機能的価値をプレミアムなモノとして徹底的に作り込んだこと。新しい販売店網を設置し販売員の教育も徹底することにより、そのモノやサービスを「ストーリー」としてお客様に訴求し共感を得たことより感情的価値が高まった。その結果、レクサスはそれまでのプレミアムブランドに負けないブランドとして地位を築くことに成功した。機能的価値と感情的価値にきっちり取り組んだことがレクサスを成功させた理由であろう。

　米国市場へ導入時のレクサスの場合、製品やサービスをプレミアムな機能的価値として作り込み、ストーリーと結び付け感情的価値を高めた。この感情的価値は商品（モノ）に関するもので、ここではモノの感情的価値と分類する。モノの感情的価値は、商品そのものをお客様がどう感じるかであり、車を例にとれば見た目が格好いいとなどとお客様が車そのものから受けるものと考えるとよい。

（b）　マツダ㈱の事例

今日では、自動車メーカーにおいて同様な取組みが各社で行われている。例えば、マツダ㈱では MAZDA3 の紹介で「商品価値を機能的価値、情緒的価値、自己表現価値の 3 階層として設計し、一瞬で心を奪う分かりやすさと使っていく中で離れられなくなる奥深さの両立を図った。機能的価値としては、まるで自分の足で歩いているかのような自然な感覚で運転できること。情緒的価値としては心が落ち着き感性を研ぎ澄ますことによって、ピュアな自分と向き合えること。自己表現価値としては、心の中に抱くあこがれの自分になれることを設定した。 これらの価値を具備することによって「誰もが羨望するクルマ」となることを目指した。」[1] と説明している。このようにマツダ㈱が説明する商品価値は機能的価値、情緒的価値、自己表現的価値で説明され「誰もが羨望する車」を目指しているものでモノに関する価値実現に関するものである。なお、上記の「情緒的価値」および「自己表現的価値」は本書でいう「感情的価値」と同意と筆者らは考える。詳しくは **3.4 節**で説明する。

（3）　コトの感情的価値

次に、コトの感情的価値について考えてみたい。1990 年にハーレーダビッドソンジャパン㈱の社長に就任した奥井俊史氏は、当時販売が低迷していた日本市場において徹底したマーケティングを行った。その結果、日本の大型オートバイ市場でシェア No.1 を実現した。奥井氏が徹底したのは、「出会う」「乗る」「創る」「装う」「知る」「選ぶ」「愛でる」「競う」「海外交流」「満足」というお客様自身の体験であった。このお客様体験の内容をハーレーの「10 の楽しみ」として提示し、ハーレーを購入するとそれらの楽しみを体験できるということを徹底的にお客様に訴求した[2]。

例えば、全世界で組織される H.O.G.（ハーレーオーナーズグループ）がある。その構成として販売店単位で組織されるチャプターと呼ばれるオーナーチームを組織させている。このチャプター単位でさまざまなイベントが開催され、イベントを通じてメンバーとのつながりが形成される。イベントの一つで

あるツーリングなどで、仲間と体験を共有したり、ハーレーを通じて価値観を共有したりしている。また、年に1回全国のオーナーが集まるイベントをサーキットで開催している。ここでは、さまざまなステージショーやサーキットでのデモ走行などの見せる催しのみならず、チャプター単位で自身が所有するハーレーでサーキット内をパレードしたり、キャンプサイトでの宴で交流を深めたりする。キャンプ道具を自分のハーレーに積み込んでサーキットへ向かうときも、全国各地から集合する仲間に道程で出会う。あちらこちらからキャンプ道具を積んだ無数のハーレーが集まりここでも仲間意識が生まれる。こういった非日常体験を共有することで、お客様同士の仲間意識が生まれ価値観が共有される。この体験により、ハーレーを所有し続けているお客様も多いという。

　ハーレーを購入するとこれら10の楽しみの体験が可能になり、わくわく感や感動を仲間と共有できる。この体験的な感情的価値を徹底的に訴求することによってブランド価値を高めることに成功したのである。この感情的価値はコトにかかわる感情的価値と分類できる。コトの感情的価値は、お客様自身が体験を通じて楽しい、気持ちいいと感じるコトと考えると理解しやすい。もちろん、ハーレーダビッドソンジャパン㈱がモノである商品の「ストーリー」「質感」「デザイン」「サプライコントロール」「サービス」などのモノの感情的価値を高めることにも力を入れてブランド全体のモノの感情的価値とコトの感情的価値を高めることで、ブランド全体の価値を高める努力を行ったのはいうまでもない。

　以上のとおり、ハーレーダビッドソンジャパン㈱では、ブランド価値のためにコトの感情的価値を高めている。これからのMaaSにおいてサービスの価値を高めるためにこの「コトの感情的価値」を高めていくことが欠かせなくるいえよう。

2.3.3　コトの保証と感情的品質の重要性

　現在の製造業において、感情的価値にかかわる目標を設定し、ブランド価値

を高める活動を行っているのは、主にマーケティング部門であろう。前述のレクサスやハーレーダビッドソンジャパンの事例もマーケティング活動によって感情的価値を高めた事例である。

　一方、現在の製造業の品質保証部門では、機能的価値の範囲について保証活動していることが多い。製品やサービスの機能的価値をお客様に保証することは品質基準を明確にすることが比較的容易であるため、明確な品質保証がしやすい。しかし、MaaS の品質保証に関与するためには㈱JTB が行っているようにコトの保証をする必要がある(**2.2節を参照**)。コトの保証をするためには機能的価値やモノの感情的価値と同時にコトの感情的価値を保証することが求められることになる。すなわち、コトの感情的価値を品質要素として扱い保証していくことが必要になる。言い換えると、お客様一人ひとりが「どのように感じるか」や「満足したか」、さらには「感動したか」などへ関与していくことになる。お客様の生活に直接影響を及ぼすコトを保証し、さらに顧客体験(**3.4.3項を参照**)の質に関与していき感動体験を品質要素として保証していくところまで拡大していくことが求められる。特に MaaS ビジネスにおいては、この感情的品質をいかに保証していくかが非常に重要となるであろう。

　一方で、コトを保証していくことによりお客様の要求が現状より明確にわかるようになるはずである。その結果、品質保証本来の目的である「お客様の要求を満たす」ことについての活動が容易になるはずである。その結果、現状の製造業の品質保証の位置づけが大きく変わる可能性がある。品質保証がお客様との接点の中心機能として担う責任は大きく変わっていくことになるだろう。

　ただし、感情的品質を定量的に保証していくことは非常に難しく、実際に測定し保証している事例は筆者らが知る限りまだ少ない。例えば、日立製作所㈱が立ち上げた㈱ハピネスプラネットでは、専用のアプリでスマートフォンに内蔵された加速度センサーにより幸福感を計測するとのことである。現状は、企業内の組織の幸福感を計測するサービスとして提供され生産性の向上につなげている。今後は IoT の活用によって機能的な使用状況の測定を進めるとともに、この事例のように定量化された感情を測定し、感情の質や体験の質を品質

保証活動に活かしていくことが必要になるであろう。

参 考 文 献
1) 別府耕太・柴田恵一郎・木下勝之・岩本信也・宮本健作：「新型 MAZDA3 の
紹介」、『マツダ技報』、No. 36、pp. 3-10、2019 年
2) 奥井俊文：『巨象に勝ったハーレーダビッドソンジャパンの信念』、丸善、
2008 年

第3章

コトを協創する時代に求められる品質保証（MaaSモデル）

前章までは自動車業界におけるパラダイムシフトとともに、コトづくりにおける品質保証の課題を考察してきた。本章では自動車業界に最も大きなインパクトとなりうる MaaS を例に、そこに求められる品質要素を考察するとともに、具体的な品質保証の課題を掘り下げていく。

3.1　MaaS におけるステークホルダー間の機能と役割

3.1.1　MaaS の定義と想定モデル

　まず初めに本章で取り扱う MaaS(Mobility as a Service：マースと読む)の定義を確認していきたい。MaaS は新しいサービス形態であることから、サービスが先行している海外においても定まった定義がなく、サービス事業者によっても含まれる範囲に違いがあるのが現状である。2015 年の ITS 世界会議で設立された MaaS Alliance では、「MaaS は、いろいろな種類の交通サービスを需要に応じて利用できる一つの移動サービスに統合すること」と定義している [1]。また、スウェーデンのチャルマース大学の研究者は、その統合の程度に応じ、図 3.1 のように 1 ～ 4 の 4 段階にレベル分けをしている [2]。

(1)　レベル 0、レベル 1

　レベル 0 は、統合がない状態であり、バス、電車などの移動媒体がそれぞれ独自にサービスを提供している現在の交通システムである。レベル 1 は「情報

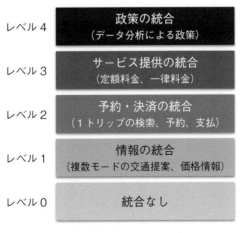

図 3.1　MaaS のレベル [2]

の統合」であり、料金、所要時間、移動距離、予約状況など、移動に関する一定の情報が統合され、スマートフォンのアプリや Web サイトを通じて利用者へサービスを提供している段階である。例えば、Google が提供する乗換案内サービスはレベル 1 に相当する。

(2)　レベル 2

レベル 2 は「予約・決済の統合」であり、ワンストップで予約・発券・支払いなどができる段階である。利用者は目的地までに利用する交通機関を、スマートフォンのアプリや Web サイトを通じて一括比較でき、複数の移動媒体を組み合わせ、予約・決済などができる。

(3)　レベル 3

レベル 3 は「サービス提供の統合」である。この段階では事業者間の連携が進み、サービスの高度化などが図られている。定額料金で一定区域内の移動サービスが乗り放題となるサービスや、どの交通機関を利用しても目的地まで一律料金が適用されるサービスを提供するプラットフォームが整備されている段階である。例えば、MaaS を世界で初めて都市交通において実現した、フィンランドの首都ヘルシンキのベンチャー企業 MaaS Global 社が提供するサービス「Whim(ウィム)」がレベル 3 に相当する(**図 3.2**)。一方、日本においては、このような大規模なサービスはまだ始まっていないが、国土交通省と経済産業省が推進しているパイロット事業(スマートモビリティチャレンジ)が各地で始まっている[3]。

(4)　レベル 4

MaaS 最高度のレベル 4 は「政策の統合」である。国や地方自治体が都市計画・政策レベルで交通に関する移動媒体を、連動・協調して最適化を図る最終段階であり、各国で試験的な取組みが進められている。

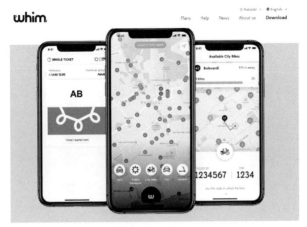

出典）　https://whimapp.com/

図 3.2　世界初の都市交通 MaaS「Whim（ウィム）」

　本章では MaaS は移動手段に多様なサービスを統合することで、お客様（ユーザー）に新たな価値を提供するレベル 3 以上の MaaS を対象に、そこに求められる品質保証のあり方を考察していく。本考察にあたっては、**図 3.3** に示す MaaS をモデルケースとして想定し、検討した。ここでは MaaS を構成する要素を、プラットフォーマー、コンテンツプロバイダー、モジュールの 3 つの階層に分類している。なお、**第 1 章**および**第 2 章**におけるサービス事業者は、ここでいうコンテンツプロバイダーと同義である。

3.1.2　MaaS におけるビジネスエコシステム

　MaaS においては、既存の業種や業界といった枠を越えた形での相互依存が不可欠である。多くのプレイヤーが自分たちの得意とする領域の技術やノウハウ、知見を持ち寄って事業を発展させていくビジネスエコシステム（事業生態系）の形成が非常に重要である。

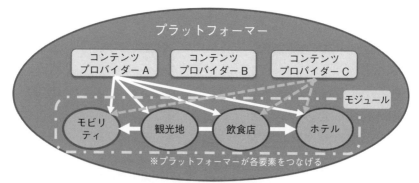

階層	ビジネスエコシステム内の役割・機能	具体的な形態
プラットフォーマー	ユーザーへの価値を最大化するコンテンツ提供	Google など
コンテンツプロバイダー	プラットフォーマーへのコンテンツの提供	カーシェアリング、旅行代理店など
モジュール	コンテンツプロバイダーへの手段の提供	車、観光地、飲食店、ホテルなど

図3.3　本章で検討する MaaS モデル

（1）　プラットフォーマーの役割・機能

　ビジネスエコシステム内におけるプラットフォーマーの役割は、ユーザーへの価値提供を最大化することである。プラットフォーマーは、その目的のためにコンテンツプロバイダーやモジュールを有機的につなげ、ユーザーに対する付加価値が最大となるコンテンツを提供する。MaaS において GAFA[*1] に代表されるようなメガプラットフォーマーは現時点で存在していないが、トヨタ自動車㈱が「車をつくる会社」から「モビリティカンパニー」にモデルチェンジすると表明し、ソフトバンク㈱との合弁会社 MONET Technologies㈱を設立するなど、自動車メーカーのみならず、大手鉄道会社、通信会社など、多くの企業がプラットフォーマーへと名乗りを上げている。

　また、プラットフォーマーはモジュールを最適に運用することで、社会的課題の解決を図る役割も担っている。先に紹介した「Whim（ウィム）」の事例

---

　*1　GAFA とは、米国の主要 IT 企業である Google、Amazon、Facebook、Apple の 4
社のこと。

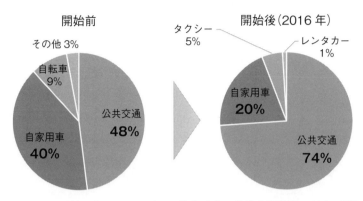

Whim サービスの開始前後で、ユーザーの移動手段は公共交通機関の割合が増加している。

出典）　総務省 Web サイト「次世代の交通 MaaS」をもとに作成。https://www.soumu.go.jp/menu_news/s-news/02tsushin02_04000045.html

図 3.4　Whim（ウィム）による移動手段の変化

では、サービス開始前では公共交通が 48％、自家用車が 40％、自転車が 9％という利用割合であったのが、2016 年のサービス開始後は公共交通の利用が 74％と大きく伸びたほか、それまであまりなかったタクシーの利用が 5％に増加した一方で、自家用車の利用は 20％に減少した（**図 3.4**）。都市部での渋滞の解消、CO_2 の削減、地方での交通機関の維持など、都市・地域の持続可能性の向上に対し、MaaS には大きな期待が寄せられている[4]。

（2）　コンテンツプロバイダーの役割・機能

　コンテンツプロバイダーの役割は、プラットフォーマーを介して、ユーザーへモジュールを提供することである。例えば、都市交通型 MaaS では、コンテンツプロバイダーの具体的な形態として、鉄道会社、バス会社、タクシー会社、レンタカー会社、カーシェアリング会社などが挙げられる。同様に観光型 MaaS を例にとると、コンテンツプロバイダーの具体的な形態として、先に挙げた都市交通型 MaaS のコンテンツプロバイダーに、旅行代理店などが加わ

る。第1章および第2章におけるサービス事業者も、コンテンツプロバイダーの一つである。これまでもコンテンツプロバイダーとしての形態は存在したが、プラットフォームに参画することで、ユーザーに対してより多くの付加価値を提供できると考えられる。プラットフォーマーは各ユーザーの嗜好や状況に合わせてコンテンツ(提供するサービス)を推奨し、コンテンツを逐次組み替えていくことで、ユーザーへの価値提供を最大化・最適化している。

(3)　モジュールの役割・機能

　モジュールの役割は、コンテンツプロバイダーにユーザーへのサービス提供の手段を提供することである。観光型 MaaS を例にとると、車、観光地、飲食店、ホテルなどがこれに該当する。自動車メーカーはコンテンツプロバイダーに対し、モジュールの一つである「移動手段」を車というモノで提供する。モジュールはコンテンツプロバイダーを介し、プラットフォームに参画することで、ユーザーに対して価値を提供する機会を得る。カーシェアリングを例にとると、移動手段としての車を製造する自動車メーカーは、プラットフォーマーを介してカーシェリング会社に「マッチングされない限り」、ユーザーへ移動手段を提供できない状況となる。

3.1.3　MaaS における移動手段としてのモジュールの役割

　本項では 3.1.2 項で示したビジネスエコシステムを前提に、自動車メーカーが提供する移動手段の視点で、MaaS における品質保証の業務について掘り下げていく。その前に、MaaS によるパラダイムシフトが、自動車メーカーの顧客接点にどのような変化をもたらすのかを考察する。ここで、「顧客接点」とは、企業が車のユーザーと関係をもつ場所や手段などの機会のことである。

(1)　既存のビジネスモデル

　先に述べたとおり、自動車メーカーはコンテンツプロバイダーに対し、モジュールの一要素である「移動手段」として車を提供する。既存のビジネスモ

デルでは、ユーザーは旅行や通勤などの移動という要望・要求にもとづき車を購入し、自動車メーカーはユーザーの要望・要求に見合う車を開発・製造・販売してきた。通勤用途であれば燃費が良い車、大家族での移動が多ければミニバンなど、ユーザー自身の要望・要求に合わせた車をユーザーが購入し、その運転をユーザー自身が行うことが前提である。車の所有者はユーザーであり、車の保険やメンテナンス、駐車場の確保などの維持管理も当然ユーザーが負担すべきものである。これらユーザーの「移動」という目的に対し、自動車メーカーは BtoC のビジネスを展開して、移動手段を提供してきた。モノをつくり、お客様に販売し、所有してもらうことを前提とした、自動車メーカーからお客様(ユーザー)への一方通行のビジネスモデルを、これまでの自動車メーカーは展開してきた(図 3.5)。

(2) MaaS におけるビジネスモデル

一方で MaaS モデルにおいては、自動車メーカーのビジネスモデルはプ

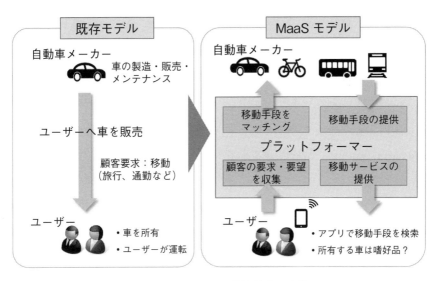

図 3.5　MaaS による顧客接点の変化

ラットフォーマーやコンテンツプロバイダーとの BtoB ビジネスとなり、顧客接点はプラットフォーマーやコンテンツプロバイダーを介したものとなる(図3.5)。プラットフォーマーはユーザーの「移動」という目的を、モバイル端末などから収集し、車を含むモジュールの中から最適な「移動手段」をマッチングし、「移動サービス」としてユーザーへ提供する双方向のサービスを展開する。ここで、移動サービスとは、従来のユーザーが所有する車とバス、鉄道などの公共交通機関との単なる組合せではないことに留意されたい。移動サービスにおいて車は、バス、鉄道、ライドシェアの自転車など、移動手段としてのモジュールの一つとなる。プラットフォーマーは、これら複数のモジュールを単一のユーザーインターフェースで有機的につなげ、ユーザーに対して最適な移動をサービスとして提供する。

　移動にかかるコストは、車による年間走行距離が 12,000Km 以下の場合、所有するよりもカーシェアリングを利用したほうが、また 1,000Km を下回るとライドシェアを利用したほうが最も経済合理性が高まるという試算がある[5]。1 台当たりの稼働率が高いシェアリングサービスに移行することは、ユーザーが支出する移動コストの低減を意味する。これはユーザーにとって「移動手段」を購入するよりも、MaaS プラットフォーマーが提供する「移動サービス」を利用するほうが安価になることを示唆している。

　MaaS の利用によりユーザーは「移動手段」である車を購入することや、その所有による維持管理から解放される。さらに自動運転技術の進歩により、「運転」という煩わしい作業からも解放される。なお、一部の車は「運転という行為」を楽しむため、または、「所有」そのものを愉しむ嗜好品や、社会的ステータスを表すモノとして存続すると考えられる。しかし、MaaS がもたらすパラダイムシフトにより、多くの車はプラットフォームに属する「移動手段」としてのモジュールとなると考えられる。

3.2 仮想シナリオで考える MaaS の品質保証

本節では MaaS の品質保証の役割を検討するにあたり、より具体的な仮想
シナリオとして観光型 MaaS と医療型 MaaS の 2 つを用意して検討を進める。

3.2.1 観光型 MaaS の仮想シナリオ

一つ目の仮想シナリオでは MaaS プラットフォーマーが提供するサービス
を利用した旅行を想定する。レベル 3 相当の MaaS を想定し、この段階では
事業者の連携によりサービス提供の統合がなされ、サービスの高度化が図られ
ている。このような観光型 MaaS は、日本において JR 西日本により実証実験
が 2019 年 10 月〜 2020 年 3 月にかけて行われ、現在は実証実験を終了し、本
サービスを開始している（図 3.6）。このサービスが提供するせとうち観光ナビ
「setowa」は、瀬戸内エリアへの観光誘客拡大を目的としており、出発地から

画像提供）　西日本旅客鉄道㈱

図 3.6　JR 西日本による観光型 MaaS「setowa」

目的地までの移動手段を鉄道だけでなくバス、タクシー、レンタカー、レンタサイクルなどの交通機関、および観光スポットやグルメ情報などの地域の観光素材を統合して提供し、スマートフォンでシームレスに検索・予約・決済するサービスである。

以下では、筆者らが検討した仮想シナリオについて述べる。

（1）　仮想シナリオ

2030 年における家族旅行を考える。本仮想シナリオは、夫婦と小中学生の子供 2 人を加えた家族 4 人で、観光型 MaaS を利用し、海と温泉に旅行へ行くケースを考える。表 3.1 は「場所」「行動・要望・要求」「手段・サービス」「付加価値」を時系列で抽出した旅行体験の仮想シナリオである。以下では各フェーズにおけるお客様（ユーザー）の要望・要求と MaaS が提供する付加価値を中心に確認していく。

（a）　出発前の予約などにかかわる付加価値

ユーザーは出発前にスマートフォンなどのアプリや Web サイトから旅程の検討や予約を行う。この段階では、個人や家族の趣味嗜好や予算に合ったプランを推奨できることが、ユーザーへの価値提供となる。ユーザーが指定した観光スポットへの最適な移動手段を提示するだけでなく、個人や家族の属性に応じて、推奨スポットなどを提案することで、旅行という体験から得られる価値を最大化することが求められる。また、これらの予約時に通常個別に扱う保険などの加入手続きなども、同一のアプリや Web サイトから途切れることなく完結できることも、MaaS が提供する付加価値である。

（b）　移動にかかわる付加価値

自宅から空港への移動においては、カーシェアリングが提供する自動運転車が利用される。空港への移動は常に出発のフライト時間を意識しがちであるが、渋滞を回避する自動運転車を利用することで、ユーザーは乗り遅れまいと

表 3.1　観光型 MaaS シナリオ（2030 年、家族で海と温泉へ行く）

時間	場所	行動・要望・要求	手段・サービス	付加価値
	自宅	日程検討 事前予約	予約アプリ	最適なプラン提供 シームレスな予約
（朝）	自宅	空港への 移動	自動運転車 カーシェアリング	渋滞なしのストレスフリー移動
	空港	空港間の 移動	空調、照明、エンターテインメント	個人にカスタマイズされた設定の提供
	空港	料理店への移動	観光地情報 料理の予約	料理店への移動時間の有効活用
	料理店	地元の料理	スマホ決済	支払いのシームレス化
	ショッピングモール	各目的地への移動	自動運転車	個人にカスタマイズされた移動手段の提供
（昼）	（ショッピングモール）	母： ショッピング	セグウェイでモール内移動	重い荷物を持たないストレスフリーの移動
	海	子供：スキューバダイビング	自動運転車内で準備	海への移動時間の有効活用
		父：釣り	水陸両用プレジャーボート	移動そのもののシームレス化
（夕）		父：室内型アミューズメント	天気が悪いので室内型アミューズメント施設へ	素晴らしい体験を確実に保証
	ホテル	温泉	セグウェイでホテル内移動	汗をかかないストレスフリーの移動
（夜）	ホテル	レストラン	スマホ決済	支払いのシームレス化

する時間のストレスから解放される。また、カーシェアリングを利用することで、空港での駐車場の確保や費用についての問題からも解放される。ユーザーは空港までの移動時間を、フライトの出発に間に合うかどうかのストレスを感じることなく、これから始まる旅行への序章として過ごすことができる。旅先においても、料理店に移動するまでの間に到着時間に合わせて料理を注文したり、釣りに行くまでの移動中に仕掛けを準備し、釣果が期待できるスポットの情報を確認するなど、物理的な移動と並行し、その移動時間を有効に活用することが可能となる。移動時間を「有意義な時間」に変えることが MaaS が提供する付加価値である。

(c)　個人ごとに最適なサービスを提供するという付加価値

　MaaS はユーザー ID 情報や Web 閲覧履歴、その他情報を用い、その個人に最適化した付加価値を提供することが可能である。例えば、移動中の飛行機内における、座席の設定、空調、照明などの設定や、エンターテインメントなどのコンテンツ、身体情報を用いたリラクゼーションなど、個人にカスタマイズされたサービスの提供が考えられる。旅先においても子供たちはスキューバダイビング、父親は釣り、母親はショッピングモールへと、個人に最適化された行動とともにその移動手段を提供する。このように MaaS はユーザーの個別情報にもとづいて、その個人に最適化した付加価値を提供する。

　MaaS による価値提供は、旅先での「顧客体験」(**3.4.3 項**を参照)の最大化も含まれる。例えば、スキューバダイビングを行う場合は、クリアな水質とともに色鮮やかな魚たちや、さまざまな海中生物と出会うことをユーザーは価値として捉える。天候が悪く視界の悪い海中で、何も遭遇することのない時間を過ごすことに、ユーザーは何ら価値を感じない。釣りをする場合も同様で、ユーザーは心地よい天候の下で、大物を釣り上げるという体験に価値を求めている。ユーザーは船酔いしそうな荒れた海で、何も釣れない海で何時間も釣り糸を垂らそうとは思わない。天候や水質が悪ければ別のプランを推奨する(レコメンドサービス)ことや、代替案に応じて価格を動的に変更するなど、ユー

ザーが「旅行」するという体験に焦点を当てて MaaS はサービスを提供する。すなわち、観光型 MaaS による価値提供は「移動手段」の提供でなく、「旅行体験」という付加価値を最大化し提供することである。

（2）　仮想シナリオにおける品質不具合

　(1)項で示した仮想シナリオにおいて、お客様の要望・要求、および MaaS が提供するサービス、付加価値を確認したとおり、MaaS は移動手段である車などのモビリティ(モノ)を提供するだけでなく、ユーザーへ旅行体験という価値(コト)を提供している。したがって、MaaS を構成するモジュール(モノ)の品質を考える上で、ユーザーへの価値提供(コト)に対する影響を考慮することは必然である。仮想シナリオを俯瞰してユーザーへの価値提供を考察すると、個々のモジュールの品質不具合は、MaaS 全体に波及し、要望・要求が満たされないことにつながる。例えば、ユーザーが空港までの移動手段を予約するフェーズでは、予約に用いられるアプリや Web サイトの不具合も、モジュールである車の不具合も、ユーザーにとってはいずれも「時間どおりに車が来ない」ことに違いはない。また、これらがすべて正常に機能していたとしても、スマートフォン上の予約アプリが、ユーザーにとって使いにくければ正確な予約ができず、ユーザーは残念な旅行体験をすることにつながる。このように MaaS を構成するモジュールやコンテンツプロバイダーの品質不具合は、MaaS 全体に波及し MaaS が提供するユーザーへの価値提供を大きく損なうことを理解する必要がある。

　MaaS を構成するモジュールの一つであるモビリティ(車など)に視点を移した場合、ハードウェアとしてのアベイラビリティ(可用性)が求められる。これはこれまでのモノ売りを中心としたビジネスモデルにおいても同様である。しかし、MaaS においては、他のモジュールとプラットフォームを通じて有機的につながり、ユーザーへ付加価値を提供するビジネスモデルであるため、さらに別の視点を加える必要がある。例えば、MaaS を構成するモジュールの一部に不具合があった場合、プラットフォームを通じてつながる他のモジュールを

連携させ、ユーザーへの価値提供を確保していくことが必要である。観光型 MaaS の仮想シナリオで考えると、何らかのトラブルによりモジュールの一つである飛行機の到着が遅れれば、次に利用予定のカーシェアリングの予約を変更して移動手段をユーザーに提供していく必要があり、そこにはシステムの柔軟性が求められる。同様に天候不良でスキューバダイビングや釣りなどにおける顧客体験の品質不具合が予想される場合、推奨する代替プランを提示することで、顧客体験とともに価値提供を確保していく必要がある。MaaS のより良い品質を保証するための具体的な仕事は以降で詳細に述べるが、刻々と変化する要望・要求に対し、MaaS のプラットフォームを通じて各モジュールが有機的に連携して応えていかなければならない。

3.2.2　医療型 MaaS の仮想シナリオ

本項では MaaS レベルとしてはレベル 4 相当を想定した、国や地方自治体が政策レベルで医療資源と移動手段を、連動・協調して最適化を図る医療型 MaaS を検討する。

医療型 MaaS を仮想シナリオとして設定するにあたり、執筆時(2020 〜 21 年)の状況を確認しておきたい。COVID-19 の世界的な流行に伴い、多くの国で外出制限がとられ、人の移動に関する鉄道輸送やタクシー業界、旅行業界、飲食業界などは大きな影響を受けている。移動サービスを提供する MaaS も例外ではなく、世界的にライドシェアサービスを展開している Uber 社は、2020 年第 1 四半期の実車率が大きく減少した。2021 年に入りワクチン接種者に対する送迎需要が高まっているが、COVID-19 の流行前の状況とは大きく異なる。COVID-19 の収束後も、いわゆるポストコロナの時代はこれまでとはまったく違う世界となると予想される。

今後はワクチンの開発・普及とともに、世界的なロックダウンの状態は徐々に解消され、感染拡大の防止と経済との両立が焦点となると予想される。これは感染拡大の防止と人の移動をどのように両立させるか、ということにほかならない。プライベートな空間で、他人との接触を伴わない移動が可能な自家用

車の利用が増え、公共交通機関を利用する MaaS へのニーズが縮小するという見方もある。しかし、都市部においては通勤に関する移動手段を、すべて自家用車に置き換えることは、都市部の道路キャパシティや駐車場などのインフラ面を考慮すると現実的な解とならないと考えられる[6]。

　MaaS はレベル 1（図 3.1 を参照）においても「情報の統合」を行っている。公共交通機関の混雑情報や、利用者の感染情報、地域の医療資源の情報など、各データを統合することで、MaaS は感染拡大の防止と人の移動を両立させるサービスを提供できると考える。ライドシェアが車の稼働率を上げることで経済合理性を高め、移動にかかるコストを低減したように、医療型 MaaS は他人との接触を伴わない、または最小化する「感染拡大の防止」と、限りのある「医療資源の配分の最適化」を両立して提供する。本項では感染拡大を防止する移動と、医療資源配分の最適化を図る、地方自治体における医療型 MaaS シナリオを想定する。

（1）　仮想シナリオ

　近未来における医療型 MaaS の仮想シナリオでは、妻、大学生と高校生の子供 2 人、高齢の両親と同居する 50 代の会社員が、ウイルス性疾患に罹患するケースを想定する。この会社員は郊外から都心部に電車とバスで 1 時間かけて通勤しており、世界的に流行しているウイルス性疾患への罹患のリスクがある。本人の基礎疾患はなく、罹患後に重症化するリスクは低いと思われるが、高齢の両親をはじめとする家族内でのクラスター発生は避けたいところである。図 3.7 はウイルス性疾患に罹患したときの患者の移動と場所を、症状ごとにまとめたものである。

　移動のみに注目すると、①検査のための移動、②検査結果に応じた移動、③症状変化による移動、④緊急時の移動、⑤回復後の移動、に大別される。移動時には感染拡大の防止措置とともに、症状に応じた医療サービスが提供される。しかし、医療サービスは有限であるため、最も必要な人に提供されることが望ましい。医療型 MaaS では、さまざまな情報を統合することで、これら

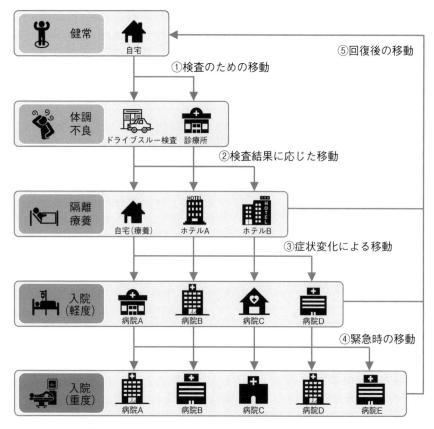

図 3.7 医療型 MaaS シナリオ(近未来、ウイルス性疾患に罹患したときの移動)

の移動を通じて「感染拡大の防止」と、限りのある「医療資源の配分の最適化」を両立して提供する(**図 3.8**)。

表 3.2 は観光型 MaaS と同様に、「場所」「行動・要望・要求」「手段・サービス」「付加価値」を時系列で抽出した、医療型 MaaS の仮想シナリオである。ここでは各フェーズにおける顧客要求と MaaS が提供する付加価値を中心に確認していく。

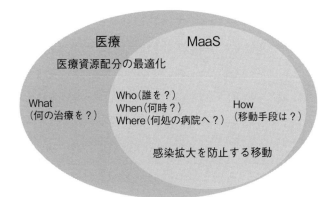

図 3.8　医療における MaaS

（a）　罹患の早期発見と初期対応にかかわる付加価値

　医療型 MaaS はサービス利用者のウェアラブル端末から得られる健康状態のデータ、モバイル端末から得られる通勤などの移動ログに加え、すべてのサービス利用者の罹患情報、移動ログを合わせたビッグデータから、サービス利用者に対し罹患可能性をいち早く通知するという付加価値を提供する。罹患の可能性が高ければ、検査のために医療機関まで移動するが、医療機関への予約や専用の移動手段の提供が価値提供となる。観光型 MaaS と異なり、待ち時間の最小化や専用の移動手段は、サービス利用者の利便性だけでなく感染拡大の防止にもつながる。また、移動手段に対してはモビリティ（車など）を利用した後の消毒・除菌や、モビリティの使用履歴の取得と保存が求められる。医療型 MaaS はサービス利用者を感染のリスクにさらさないことが求められる。次に医療機関で検査を受ける際は、ウェアラブル端末などから取得した個人の健康状態を医療機関と共有することで、検査結果とともに今後の経過観察の方針決定において、より正確な判断を下すことが可能となる。また、罹患者の移動ログを行政と共有することで、濃厚接触者の特定を早期化することが可能となり、罹患可能性の高い個人の特定と注意喚起を実現する。観光型 MaaS では決済窓口の一元化がサービスの中核をなしていたが、医療型 MaaS では個

表 3.2　医療型 MaaS シナリオ(近未来、ウイルス性疾患に対する移動サービス)

症状	場所	行動・要望・要求	手段・サービス	付加価値
	自宅	健康チェック	AIによる1次自動診断、判定	移動ログなどのビッグデータ提供(MaaS→個人)
	①検査のための移動	検査機関への移動診察予約	専用移動手段の提供、診察の自動予約	使用者履歴管理移動ログの取得消毒・除菌
	診療所	検査・診断	ドライブスルー型検査・診断	移動ログなどのビッグデータ提供(個人→MaaS)
	②検査結果に応じた移動	隔離施設への移動	専用移動手段の提供	感染者の隔離たらい回し防止
	ホテル	経過観察	Web会議システムによる遠隔診断	移動なし接触なし
	③症状変化による移動	医療施設への移動	医療資源、道路情報より最適・最速移動	感染者の隔離安全、高速、たらい回し防止
	病院	診察・治療	ブロックチェーンカルテから情報提供	トリアージによる医療資源の最適配置
	④緊急時の移動	緊急搬送	エクモなど、高度医療を受けながらの移動	移動時の高度医療提供
	病院(高度医療)	高度医療	遠隔操作ロボット	専門医による遠隔処置
	⑤回復後の移動	自宅への移動	専用移動手段の提供	使用者履歴から安全な移動手段の確保消毒・除菌
	自宅	経過観察	端末情報、AIによる自動診断・判定	再発症の早期発見カルテ情報の最新化

人情報の組織の枠を越えた連携と、個人情報の秘匿性の担保の両立が求められる。

（b）　症状に応じた医療サービス最適化にかかわる付加価値

　症状により自宅やホテルなどで隔離、経過観察を行う必要があるが、「移動しない、接触しない」状況を提供する必要がある。Web 会議システムを利用した遠隔診察をはじめ、診察に必要な個人バイタル情報（体温、血圧、心拍数など）を医療機関と共有することが必要である。これらの情報の共有は即時性が要求され、患者の症状が悪化した場合は、いち早く適切な処置を受けるための施設に移動させる必要がある。医療型 MaaS には患者の情報を収集し、症状に応じた最適な処置を早急に提供することが求められる。そのためには患者の情報だけでなく、医療資源の情報や道路などの交通情報との連携も求められる。医療機関にて診察、治療を受けるときには問診だけでなく、個人のバイタル情報に加え、これまでの個人の診療記録が共有される。診療記録はブロックチェーン技術を利用した個人カルテとして利用される。個人の基礎疾患やこれまでの疾患履歴、バイタル情報をもとに、医療資源は真に必要な人に対して最適に配分される。

（c）　医療資源の有効活用にかかわる付加価値

　医療型 MaaS では医療情報の共有によるサービス向上だけでなく、モビリティ（車など）そのものが付加価値を提供するケースも増加する。エクモ（人工肺とポンプを用いた体外循環による治療）などの高度医療機器や専門医などの医療資源は有限である。高度医療を移動中に受けることができれば、治療の早期化を図るだけでなく、その稼働率を高めることで医療資源を有効活用することも、医療型 MaaS が提供する付加価値となる。同様に遠隔指示や操作可能なロボットの導入は、医療従事者と患者との直接接触を避けるだけでなく、医療従事者と医療現場の物理的距離に関係なく、医療サービスを受けることが可能となる。高度な技術を有する専門医の治療を、地球の裏側からでも受けるこ

とも可能となる。

(d)　移動情報の履歴管理にかかわる付加価値

　症状が回復するに従い、病院などの医療機関での入院治療やホテルなどでの隔離療養などを経て、全快まで経過観察しながらの治療、および療養が行われる。医療型 MaaS は、これら医療機関と療養施設、自宅間の専用移動手段の提供や、その移動履歴管理を行い、ウイルス性疾患の拡散による感染拡大を防止する。個人の移動履歴管理とともに、車両の使用者履歴管理を行うことで、何時、何処で、誰を、何処へ、どの車両を用いて搬送したかを把握することが可能となる。車両を利用する都度、消毒を行うことも必須であり、この履歴管理も重要となる。検査結果には偽陰性(実際は罹患しているが検査結果は陰性と判定されること)が排除できないため、本人の自覚症状もない、ウイルスが潜伏状態の個人を搬送するケースも存在する。後に症状の発現とともに検査結果が陽性と判定された場合、患者の移動履歴、車両の移動履歴、メンテナンス(消毒作業)履歴をトレースすることで、濃厚接触の疑いのある個人を瞬時に特定し、注意喚起することが可能となる。患者本人への問診に頼った情報伝達に比べ、医療型 MaaS が提供するプラットフォームは、情報の伝達スピード、正確性において圧倒的な優位性があると考えられる。

(2)　仮想シナリオにおける品質不具合

　(1)項では医療型 MaaS の仮想シナリオを用い、「場所」「行動・要望・要求」「手段・サービス」「付加価値」を病状の遷移に応じて抽出した。観光型 MaaSでは移動手段であるモビリティ(モノ)を提供することを通じて、ユーザーへ体験という価値(コト)を提供していたが、医療型 MaaS では移動手段を提供することを通じて、患者だけでなく地域社会に対して、感染拡大の防止と医療資源の最適配分という「社会的課題の解決」という付加価値を提供している。仮想シナリオで想定した医療型 MaaS では、モビリティサービスは地域の医療システムの中核として組み込まれる。モビリティサービスは、患者のバイタル

情報や医療情報と情報連携することで、何時、何処へ、誰を、どのように移動させるかという、社会的課題に対する「打ち手」として機能する。ウイルス性疾患に対する「打ち手」は、直接的な医療行為が最も有効であることは異論の余地はないが、これと両輪で MaaS が機能することで医療資源を必要な人へ、必要な時に、必要な場所で提供することが可能となる。医療型 MaaS の品質保証を担保する上で、個人のバイタル情報やカルテを含む医療情報に加え、ホテルなどの隔離療養施設や医療機関の空ベッド数、医療従事者の人的資源などの医療資源の情報と、モビリティ情報を綿密に連携させることは必須である。これらを踏まえ医療型 MaaS の仮想シナリオにおいて何が品質に影響を与えるかについて考察する。

（a）　ソフトウェア、ハードウェアの可用性

　サービス利用者が医療機関へ診察予約をするケースでは、予約システムの不具合が待ち時間を増やし、結果として他者との接触時間を増加させ、感染のリスクを高める。検査機関への移動に利用する車両は、観光型 MaaS と同様にハードウェアとしてのアベイラビリティ（可用性）が求められる。しかし、医療型 MaaS においてはアベイラビリティの要素に「消毒されていること」が付加される。消毒が確実にされていない車両を運用することは、整備されていない車両を運用すること以上に、サービス利用者をはじめ、個人の生命に与える影響が大きいことを認識しておく必要がある。

　また、医療サービスを提供する上で、医療機器に対して電源および通信インフラを確実に提供することは非常に重要である。通常、大規模な病院や公共施設では停電になった際を考慮し、非常用電源の確保と点検が義務づけられている。同様に高度医療機器を搭載した車両においても、電源インフラの確保は個人の生命の確保と同義である。高度医療機器を搭載するモビリティに対し、インフラ面では医療機器と同等の品質と、冗長化によるアベイラビリティの担保が求められる。

(b) 個人情報の取扱い

医療型 MaaS はサービス利用者のウェアラブル端末などから得られる個人の健康データ、モバイル端末のアプリから得られる個人の移動ログに加え、MaaS が取得する他のサービス利用者のビッグデータを用いてサービス提供を行う。サービス利用者のバイタル情報、移動ログ、カルテなどは、すべて個人情報であり、情報の保管管理、秘匿性の確保など、情報セキュリティの担保は必須となる。個人情報の漏洩はサービス利用者のプライバシーが侵害されるなどの不利益をもたらすだけでなく、サービスを提供する企業の信頼やブランドイメージを大きく損なう。

(c) 正確な情報の共有

患者から医療従事者への感染は人的な医療資源の減少を招くため、経過観察などの医師とのコミュニケーションは、Web 会議システムなどを利用した遠隔診断が基本となる。医師は画面越しでの患者の表情と会話内容に加え、患者のカルテとバイタル情報をもとに診断を行う必要があるため、カルテなどの情報の正確性は非常に重要である。従来の特定の病院内だけでの「閉じた」情報共有でなく、疾病履歴や投薬履歴、基礎疾患、アレルギーなどの個人情報も、各医療機関で共有すべきである。これを実現するためにはブロックチェーン技術[*2] を利用した電子カルテの導入など、記録内容の改ざんを防止する仕組みが必要となる。

(d) 医療情報の即時性と変化への対応

感染が陽性判定された患者を、ホテルなどの隔離療養施設に移送する際や、治療が必要な患者を病院などの治療施設へ搬送する際は、健常者と接触させな

[*2] ブロックチェーンとは、取引の履歴を暗号技術によって過去から一本の鎖のようにつなげ、正確な取引履歴を維持しようとする技術である。同一データを分散して保持させることでデータの破壊・改ざんが極めて困難であり、障害によって停止する可能性が低いシステムが容易に実現可能などの特徴をもつ[7]。

いことが必要である。移動に用いる専用車両においても、空調システムや気密性の不具合は、医療従事者などへの感染拡大につながる。また、隔離療養施設、治療施設の空ベッド数、利用可能な医療機器などの医療資源に関する状況は刻々と変化する。情報の即時性が損なわれると、搬送先が決まらずにたらい回しとなる事態や、無症状の比較的軽症な患者でベッドをはじめとする医療資源を圧迫する事態が発生する。医療現場では緊急の患者対応など、不測の事態は度々発生する。刻々と変化する状況に対し、システムには情報の即時性と変化に対応する柔軟性が求められる。

(e)　個人の要望・要求と社会的要求の課題

　近未来には運転者の感染リスクを考慮して、患者を移送する車両は自動運転化されると考えられるが、その前提として「誰を」「何処に」移動させるべきか全体最適を志向するシステムの構築が必要となる。患者と必要な医療サービスのミスマッチは、適切な医療を受ける機会を阻害するだけでなく、貴重な医療資源の浪費につながる。個人の要望・要求に応え、顧客体験を提供する観光型MaaS とは異なり、個人の生存に対する要求と非常時の全体最適（社会的要求）のバランスをとることが求められるため、「政策の統合」までを行うレベル4（**図 3.1** を参照）の MaaS においても、非常に困難な課題である。

3.3　MaaS における品質保証に必要な考え方、アプローチ

　本節ではモジュールとしての車の品質保証の目標を、前節で述べた MaaS の仮想シナリオを用いて、①ユーザーが被るリスクの抽出→②抽出したリスクを解決する課題をステークホルダーごとに分類→③さらにサービス提供の前後で分類→④モジュール（モビリティ）としての課題を明確化、というステップで考えていく。

3.3.1　ユーザーが被るリスクの抽出

前掲の表 3.1、表 3.2 に例として挙げた MaaS の仮想シナリオの中で、ユーザーは状況に応じてさまざまなサービスを受ける。そのサービスの品質を考えるときには、ユーザーが被るであろうリスクを抽出する。そのリスクを最大限に低減、もしくは排除することが、品質目標となるはずである。本項では、ユーザーが被るリスクを仮想シナリオでの行動ごとに明確にする。

（1）　観光型 MaaS シナリオの場合

例えば、ユーザーが旅行やホテル宿泊などのサービスを予約する場合を考えると、「サービスの予約ができない」というリスクがある。具体的には、予約するスマートフォンや PC の故障などのハード面、予約システム自体が動かないなどのソフト面それぞれの要因が考えられる。ここではその切り分けはせずに、ユーザーが被るリスクのみを明確にする。ハード面とソフト面の切り分けは、最終的に品質保証の業務に落とし込むときに行う。

上記を踏まえ抽出した仮想シナリオの中でユーザーが被りうるリスクは表 3.3 に示すとおりである。この表は、ユーザーが行動する時間帯を出発前後で分け、リスクを考えたものである。

表 3.3 からもわかるように、「出発前」のリスクは事前予約中に予約システムがダウンして、システムが動かないことだけである一方で、「出発後」のリスクは旅行先でユーザーががっかりすることにつながる。言い換えると、ユーザーへの価値提供に失敗することにつながる。すなわち、観光型 MaaS における品質は、「出発後」のサービスの品質が特にユーザーの満足度に影響を与えることが理解できる。ユーザーの満足度を維持するためには、ユーザーへのサービスを提供し続けなければならない。ユーザーが被るリスクを低減するには、サービスの持続性を意識した代替プランの提案や、リカバリーサービス（冗長システムによるサービスの復帰）が、ユーザーの満足度低下を最小限に抑えることに役立つだろう。また、上記のような対応をユーザーの旅先で即時対

表 3.3 観光型 MaaS シナリオにおけるユーザーが被るリスク（一部）

いつ	行動・要望・要求	手段・サービス	付加価値	ユーザーが被るリスク
出発前	事前予約	アプリ（スマホ、PC）	最適なプラン予約	予約ができない（サービスが受けられない／アプリが動かない）
	移動	モビリティ（自動運転車、飛行機など）	目的地までの移動	迎えに来ない／快適ではない／予定の時間に遅れる／動かない
	乗り換え	飛行機	目的地までの移動	乗換え時間に遅れる／飛ばない（動かない）
	移動		目的地までの移動	到着時間の遅れ／想定外の場所へ到着
	移動	モビリティ（カーシェアリング）	目的地までの移動	車の確保ミス／快適ではない（不衛生／途中で動かなくなる
	食事		顧客の期待以上の体験	おいしくない（口に合わない／期待外れ）
出発後	娯楽、アミューズメント、体験	多目的自動運転車（機材レンタル、着替え可能）、いいねボタン（体験の評価）	顧客の期待以上の体験	天候不良によりサービスが受けられない／感動を得られない（魚が臭い、海が汚い）／予定変更ができない／レンタル機材の故障／車が途中で動かなくなる
	ショッピング	キックボード、セグウェイ	気軽に移動、目的地で乗り捨て	移動手段が出払っていた（ない）／故障で動かない
	ホテルチェックイン	スマホ、ID認識	待ち時間がないスムーズなチェックイン	認識できない（チェックインできない）
	観光	自動運転観光タクシー（ホロ3Dでのガイド付き）、いいねボタン（体験の評価）	3Dでのガイダンス	迎えが来ない／快適ではない／予定時間に遅れる／ガイドサービスが受けられない（故障含む）／天候不良によりサービスを受けられない／動かない

応できれば、やはりユーザーの満足度低下を最小限に抑えることができるはずである。そのような体制、仕組みをサービスの提供と同時に運用できるように構築しておくことも顧客体験（3.4.3 項を参照）を高める上で重要なことである。

（2）　医療型 MaaS シナリオの場合

　医療型 MaaS においても同様にサービス提供中のリスクが想定できる（表3.4）。医療型 MaaS も観光型 MaaS と同じくモジュール（車など）の中でさまざまなサービスが提供される。そのサービスのメリットは、移動中に遠隔での医師による診察、診断、処置を提供できることである。場合によっては移動中に高度医療を提供できること、さらには最短時間で患者を医療施設へ移送することができるなど、2030 年には個別最適、治療の早期化などが予想される。ただし、医療型 MaaS の場合は、これらのサービスが確実に提供できなければ観光型 MaaS とは異なり、人命にかかわるリスクとなる。

　医療型 MaaS におけるモジュール（車など）は、移動しながら高度医療を提供しなければならないケースも考えられるため、万が一故障した場合でも、代替手段に切り替えるような時間的余裕はない。そのため、医療型 MaaS におけるモジュール（車など）は医療機器のような高い品質が必要であり、観光型MaaS の場合と比較するとより高いレベルの品質目標を達成しなければならないということがわかる。

3.3.2　MaaS の各階層におけるリスク回避のための課題抽出（サービス提供前後で識別）

（1）　階層別の課題

　ここでは、前項にて抽出されたリスクを回避するための、MaaS の各階層（プラットフォーマー、コンテンツプロバイダー、モジュール）におけるそれぞれの課題を考える。ここで重要なことは、「そのリスクがどの階層からもたらされるのか」「どの階層が課題として受け止め、対処していくのか」という点である。

表 3.4　医療型 MaaS シナリオにおけるユーザーが被るリスク（一部）

いつ	行動・要望・要求	手段・サービス	付加価値	ユーザーが被るリスク
移動前（自宅）	健康チェック	アプリ（スマホ、PC）でのAI1次診断、判定	遠隔初期診断	アプリが動作しない／つながらない／AIのモデルが適切でなく診断精度が悪い／学習データ不足、データが精度が悪く、AIが妥当な判断をできない
移動中	移動	専用移動手段（検査）	移動中のバイタル測定、検査機関への予約	測定器が動作しない／測定結果が検査機関に送信できない（共有できない）／検査機関の予約ができない（アプリが動作しない）／待ち時間が長い（情報の更新が遅い）／専用車の消毒・除菌状態が悪く罹患する
		専用移動手段（緊急搬送）	高度医療の提供	医療機器が動作しない／専用車の気密が確保されておらず医療従事者などへ感染拡大させる
		専用移動手段（医療施設間）	医療施設の検索・決定	受入れ可能な施設を検索できない／検索に時間がかかる／移動先が適切でなく適切な医療サービスが受けられない（しかも医療資源が浪費される）
施設	隔離施設での経過観察	アプリ（スマホ、PC）での経過観察、AI診断、判定	遠隔診断	アプリが動作しない／つながらない／AIのモデルが正常に動作しない／測定用の機器が正常に動作しない／学習データ不足、データが悪い／精度が悪く診断精度が悪く、AIが妥当な判断をできない
	病院	医療提供	診察、治療（遠隔操作ロボット）、ブロックチェーンカルテの共有（情報共有）	医療機器が正常に動作しない／個人情報が漏洩する

　例えば、観光型 MaaS シナリオで「サービスの予約ができない」というリスクは、移動や体験を提供するモジュール(車、鉄道、飛行機など)同士の組合せでサービスを構築する「コンテンツプロバイダー」よりも、サービス全体を管理する「プラットフォーマー」が要因となる可能性が高い。一方、移動手段としてのモジュール(車、鉄道、飛行機など)が「動かない」というリスクは、プラットフォーマーでもコンテンツプロバイダーでもなく、モジュールが課題として受け止めなければならない。

　このように、リスク回避のための課題をどの階層が受け止めるのかを明確にすることで、モジュールとしての品質の課題を絞り込むことができる。

　さらに、この課題をサービスが提供される前後で分類すれば、次のことを考えることができる。

  • サービス提供前：開発中に解決すべき課題の明確化
  • サービス提供後：発生した課題にスピード感をもって対処するための体
    制の構築

　上記を踏まえ、リスク回避のための課題を MaaS の階層別にまとめたものが表 3.5 である。この表の見方は、例えば表 3.5a の 1 行目「システムの多重化によるサービスのバックアップ(調整余力の確保)」という課題であれば、プラットフォーマーは実行責任者(R)であり、説明責任者(A)でもある。また、コンテンツプロバイダーは実行責任者(R)であり、モジュールは報告を受ける立場(I)になるという役割分担になることを示したものである。

　表 3.5 にてプラットフォーマー、コンテンツプロバイダー、モジュールそれぞれの課題における役割分担を示したものが凡例の "R"、"A"、"C"、"I" である [8]。このようにそれぞれの役割を明確にすることで各階層の関係性がよく理解できる。例えば、表 3.5a の中「プラットフォーマー、コンテンツプロバイダー、モジュールの評価、育成、管理(エコシステム評価、管理方法)」の場合、プラットフォーマー(RA)がアプリケーション全体の品質目標を設定、展開し、それをコンテンツプロバイダー(R)、モジュール(R)がそれぞれの領域で課せられた品質目標を達成する、というような役割分担になっている。

表 3.5a　サービス提供前における MaaS 各階層の課題

サービス提供前に対応すべき課題	プラット フォーマー	コンテンツ プロバイダー	モジュール
システム多重化によるサービスのバックアップ(調整余力の確保)	RA	R	I
IoT を用いた監視システムの設計(準備)	RA	R	C
モジュールの異常検知システムの構築(故障予知、予測)	I	C	RA
代替プランのリアルタイム提示、準備(天候予測精度向上により事前提案、環境変化への対応力の確保)	RA	R	C
他の交通機関との連携	A	R	C
人材育成(価値創造、品質感度、感性工学、想像力、コミュニケーション力を育てることも含まれる)	RA	R	R
ユーザー使用状況の把握(使用前後で欠陥はないか)、品質履歴の確保	RA	R	R
レコメンドシステムの構築、改善(顧客ニーズの定量化)	RA	C	I
トラブル対応、バックアップ体制の構築	RA	R	C
ユーザーインターフェースコンセプトの構築	RA	R	R
セキュリティへの対応(個人情報含む)	RA	C	C
リスクを発生させないためのプロセス準備	RA	R	R
遠隔診断アプリケーションオフライン時の現場対応策明確化	RA	R	I
モバイルオフライン時の現場対応策明確化	RA	R	I
アプリの評価作り込み、動作確認機種の選定	RA	C	I
プラットフォーム、コンテンツ、モジュールの評価、育成、管理(エコシステム評価、管理方法)	RA	R	R
想定リスクに対するお客様への周知、対応要領の提示	RA	R	R
問題発生時の責任の所在明確化(プラットフォーマー、コンテンツプロバイダー、モジュール)	RA	R	R
品質保証体制の準備	RA	R	R
潜在ニーズをキャッチする仕組み(プラットフォーマー、コンテンツプロバイダー、モジュール)	RA	R	R
通信インフラ品質、整備	RA	C	I
法令適合	RA	R	R
適正な品質目標の設定(使いやすさ、好ましさ、耐久品質目標、最適なソリューションになっているか、お客様視点(多様化)の設計)	RA	R	R
プラットフォーマーからコンテンツプロバイダー、モジュールへの要求(品質目標)明確化	RA	I	I
コンテンツプロバイダーからモジュールへの要求(品質目標)明確化	I	RA	I
使われ方の変化に対応した安全性、信頼性設計(市場ストレス把握)	I	I	RA
モジュール(モビリティ)の構成部品　保全性向上:消耗部品は取り換えやすく(定期交換、異常予知⇒対応)	I	I	RA
メンテナンス基準の見直し	I	I	RA
プラットフォーマーとして要求される機能の把握と確保	RA	I	I
コンテンツプロバイダーとして要求される機能の把握と確保	C	RA	I
モジュールとして要求される機能の把握と確保	C	C	RA
安全、基本機能の冗長性確保(復旧が容易なシステム構成)	C	C	RA
診断のための教師データ、および学習データの準備(ビッグデータ準備)	I	RA	I
AI 診断システムモデル検証	I	RA	I

凡例)　R(Responcebility:実行責任者)、A(Accountability:説明責任者)、C(Contribution:協業先)、I(Information:報告先)、RA(R + A)

表 3.5b サービス提供後における MaaS 各階層の課題

サービス提供後に対応すべき課題	プラット フォーマー	コンテンツ プロバイダー	モジュール
ユーザー使用状況の把握(使用前後で欠陥はないか)	RA	R	C
問題発生時の対応窓口明確化、サポート、スムーズなトラブル対応、瞬時のリカバリ(代替手段の提供)、問題を早期発見、監視する仕組み	RA	R	R
ソフトウェアでトラブル対応	RA	R	R
品質保証専門部隊による対応	RA	R	R
お金で代替保証を即断、解決する	RA	R	I
リピートしてもらえる保証(トラブル保証クーポンの発行)	RA	R	C
モジュールの室内空間(内装)のメンテナンス(清潔性、抗菌、美的感覚)	C	C	RA
異常の予知で早期発見・早期解決(EDER) 故障発生前にメンテナンス対応	I	C	RA
対応人材の育成、対応 AI の開発	RA	R	R
お客様、医師、および救急隊員、患者の苦情、要望をタイムリーに入手し、迅速に対応できる仕組み、組織の構築(プラットフォーマー、コンテンツプロバイダー、モジュールの協力体制が必要、問題発生時にプッシュ通知など)	RA	R	R
異常処置マニュアルの準備(トラブル対応 コールセンター、アプリ操作などの準備)	R	R	R
継続的、かつスピード感のある改善(再発防止)	R	R	R
コンテンツプロバイダー、モジュールにもお客様、医師、および救急隊員、患者の声をフィードバック	RA	I	I
体験の満足度調査、フィードバック(UX の評価)	RA	R	C
品質の履歴取得と活用(使用前の品質 vs 使用後の品質)	A	R	I
決済システムの維持、改善	RA	R	I
継続的な、商品、サービスの改善	RA	R	I
感情的価値の測定(お客様の笑顔、アンケートなど)	RA	R	I
UX が最大化されるためのビッグデータ解析、AI の活用	RA	C	C
UX が最大化されるコンテンツのレコメンド、価格設定(代替プランのリアルタイム提示)	RA	R	I
プラットフォームの維持管理、安全、環境	RA	I	I
コンテンツの維持管理、安全、環境	R	RA	I
モジュールの維持管理、安全、環境	R	R	RA
予定変更対応、価格との整合確保	RA	R	C
環境変化の予測と対処(天気、イベントなど)	RA	R	I
診断のための教師データ、および学習データの拡充(ビッグデータ拡充)	I	RA	I

凡例) R(Responcebility:実行責任者)、A(Accountability:説明責任者)、C(Contribution:協業先)、I(Information:報告先)、RA(R + A)

　表3.5のように、階層別に課題を整理してみると、どの階層にも R が入っている。すなわち共通する課題が多く存在することがわかる。このような課題は、階層それぞれが単独で課題を解決していくのではなく、一つの目標に対し、プラットフォーマー、コンテンツプロバイダー、モジュールが三位一体と

なってサービス全体の課題を解決するために、各々が役割を認識してサービス品質を高めていかなければならない。言い換えると、従来どおりサービスを提供する側の価値観でユーザーにサービスを提供するのではなく、ユーザーの要望・要求に応えるサービスを提供できるように課題解決(品質保証)していかなければならない。

(2)　階層別の品質目標の立て方と評価

　例えば、表 3.5a の「プラットフォーマー、コンテンツプロバイダー、モジュールの評価、育成、管理(エコシステム評価、管理方法)」を考えると、まずプラットフォーマーの場合、そのスマートフォンのアプリか Web サイト全体の品質目標を設定し、その目標に対する達成度を評価しなければならない。観光型 MaaS であれば、使いやすさや、不測の事態が発生したときの対応など、プラットフォーマーの品質目標の達成度を評価することになる。また、医療型 MaaS であれば、プラットフォーマーは医療機関のベッド数、医療従事者を含む医療資源、移動手段を的確に把握し、患者にとって最適な医療を提供できるような管理が必要となる。

　次にコンテンツプロバイダーの場合、観光型 MaaS であればコンテンツに含まれるレストラン、ショップのサービス、清潔さなどの品質目標の達成度を評価しなければならない。また、医療型 MaaS の場合はコンテンツに含まれる病院、また患者を移送するモジュールには清潔さが求められ、清潔さでいえば観光型 MaaS よりも厳しい目で品質目標の達成度を評価しなければならないだろう。

　最後にモジュールの場合、モジュールとして割り当てられている品質目標の達成度が評価される。観光型 MaaS で利用される車の場合、シェアリングによって利用されることになるため、これを前提としてコンテンツプロバイダーから提示される品質目標を達成しなければならない。このように、表 3.5 に示すように、プラットフォーマー、コンテンツプロバイダー、モジュールには、それぞれの達成すべき課題があり、その課題はユーザーの要望・要求、またと

きには、他の階層からの要望・要求にもとづき、達成すべき品質目標として設定されるはずである。

（3）　MaaS の各階層の品質目標

このように、サービス全体の品質を高めていくためには階層それぞれが品質目標を決めるのではなく、最終的に達成すべき品質目標を階層それぞれで分担してシステム全体で品質目標を達成すべく、有機的に連携することが非常に重要になる。

MaaS モデルでいうと、コンテンツプロバイダーはプラットフォーマーと、モジュールはコンテンツプロバイダーとの BtoB ビジネスであり、それぞれビジネスパートナーの要望・要求に応えていく。すなわち「マーケットイン」の考え方で仕事をすることになる。ただし、MaaS の時代になっても、そのサービス品質を担保するために現在と変わらず行わなければならないことは「問題の早期解決」「継続的な改善」である。

「モノ」であっても「コト」であっても、市場において品質不具合は必ず発生する。重要なことは、不具合が発生したときにどれくらい早くそのサービスを復旧できるのかという点であり、その対応がユーザーからの信頼を獲得することにもつながる。つまり、いつの時代であっても、偶発的に発生した不具合を早期解決するための体制を構築しておかなければならないのである。さらにいえば、これからの時代は個別最適でサービスを提供できるように、苦情を含むユーザーの要望・要求をタイムリーに把握してサービスに反映していかなければならない。そのために、MaaS の各階層はユーザーの要望・要求を把握するための仕組みも必要となる。

3.3.3　MaaS におけるモジュール視点での課題

本項では、表 3.5 に示した MaaS を構成するプラットフォーマー、コンテンツプロバイダー、モジュールそれぞれにおける課題から、特にモジュールに関する課題を抽出する。これらの抽出された課題を解決する手段を明確化できれ

ば、その手段こそが、MaaS 時代のモジュールにおける品質保証の業務になる
はずである。

　以下では、モジュールの例として車を取り上げ、自動車メーカーの視点と自
動車部品のサプライヤーの視点から、これから到来する時代だからこそ特に考
えていく、準備していくべき事項を考察する。

（1）　自動車メーカーの視点での課題

（a）　他の交通機関との連携

　MaaS が主流の時代になると、自動車間の通信がサービス品質の向上、ユー
ザー満足度の向上のために必要な手段となる。例えば、目的地までの移動に利
用したバスが時間より少し早めに乗継ぎ地に到着してしまったばかりに、次の
これから利用する観光地を周遊するための自動運転車（カーシェアリング）への
乗換えのところで待つことになってしまった場合を考えてみる。このような場
合、もし一つ前のバスから、引き継ぐ自動運転車へ到着時刻、および到着予想
時刻が連絡され、その時刻に合わせて他のサービスが連携して時間調整されれ
ば、ユーザーは待つことなく次の自動運転車に乗り継ぐことができ、このよう
なサービスの臨機応変な対応に対しユーザー満足度が上がる可能性は高い。も
ちろん、そのようなサービスは介入し過ぎだと批判される場合もあるかもしれ
ないが、おそらく満足していただけるユーザーが多いと考える。

　反対に、交通機関のトラブルによりバスが到着予定時刻に遅れて到着してし
まった場合、本来乗り継ぐはずだった自動運転車は到着時刻に間に合わなかっ
た人を待つことなく出発してしまう。そのようなとき、他の交通機関と連携
し、ユーザーに最適と思われる代替案を提案できれば、この問題解決力にきっ
と満足してもらえるだろう。例えば、もともと自動運転車に乗り換える予定
だったが、システムが間に合わないと判断したところで、鉄道、フェリー、飛
行機、ヘリコプターなどのモビリティの最新状況を把握し、それぞれのモビリ
ティに変更した場合の見込み（追加費用、時間など）をユーザーに提案し、選ん
でいただく。最適な解決策は個人の要望・要求、また患者の搬送などモビリ

ティの使われ方により異なるため、時間、距離などの軸を変えたいくつかの代替案を導き出し提案することが個別最適化の観点でも有効な手段であると考える。

　常に、さまざまな交通機関と車がつながっていることで、いざというときに提示できる代替案が増え、ユーザーが受けられるサービスの欠落を最小限に抑えることができる。場合によっては、ユーザーも気づいていなかったような満足度を当初予定していた車ではなく代替のモビリティになったことで得られる可能性もある。

（b）　ユーザーインターフェースの進化

　自動車における音声認識システムはメルセデス・ベンツに搭載される MBUX（Mercedes Benz User eXperience）のように、ユーザーをよりスマートにサポートするインターフェースとして認知され始めている。この MBUX は自然対話型の音声認識システムで、ナビゲーションの目的地設定や電話、オーディオコントロール、エアコン操作だけでなく、ユーザーの使用履歴を学習し、目的に応じたサービスを提案することにより、まったく新しい体験をユーザーに提供するものである[9]。MBUX は車での移動をより快適に、満足度の高いものにするために搭載されたシステムであり、まさにユーザー満足度を上げるために考えられた、画期的なシステムといえる。

　そして、これから考えていくべきことは、音声以外のインターフェースである。手、目、体全体などを使って、車とやり取りをする。もしくは車を介して何らかのサービスとやり取りをすることも考えていかなければならない。ホログラム技術を応用して対象を視覚的に捉え、手の操作をインターフェースが認識して非接触でエアコン、オーディオなどの各装備をコントロールすることも将来的には可能となるはずである。また、シートに座っただけで体のサイズを認識し、例えばウェットスーツなどのサイズを移動中にショップへ送信してくれる、ということも可能であり、また MaaS を利用しているユーザーの感情や体調を認知することができれば、早いタイミングで適切な対応をとることが

でき、結果としてユーザー満足度を上げることにつながるはずである。

　インターフェースというものは実はユーザー満足度を上げるために重要な品質要素で、そのインターフェース自体の信頼性が重要になる。ユーザー満足度を上げるためだけでなく、安全を担保するためにもインターフェースの信頼性は重要であり、ユーザーの意思・意図が確実に相手（モビリティ、サービス）に伝わらなければ、当然ユーザー満足度が上がるわけがなく、場合によってはユーザーを危険にさらしてしまうこともあるかもしれない。

　MaaS の時代においては、ユーザーインターフェースも、顧客体験（**3.4.3 項**を参照）を最大化するために重要な品質要素の一つなのである。

(c)　ユーザーの苦情、要望・要求、感想をタイムリーに入手

　サービス全体の品質を向上させるために、実際にサービスを利用したユーザーの苦情、要望・要求、感想などを収集することは重要な活動である。現在でもコンテンツの評価指標として「いいね」や「口コミ・レビュー」が活用されている。これから当該サービスの利用を検討しているユーザーがコンテンツを比較、決定するときの判断材料の一つとして活用されているが、サービスを利用した後の感想だけでなく、サービス中の要望・要求にタイムリーに対応できればサービスの価値を最大化できる可能性がある。例えば、車で移動中に体調が悪くなった場合、もし病院などで診てもらう必要があれば、利用中の車に乗車したまま医療機関と接続し初期診断を実施したり、また急な天候の変化があった場合には、ユーザーの要望・要求によりその後の予定をタイムリーに変更対応するなど、早期発見・早期解決が可能となる。

　このように、「いいね」ボタンのようにコンテンツを利用した結果として、ユーザーの評価を入手することもサービスを改善するための方法として有効である。さらに一歩踏み込んで、リアルタイムに、しかも詳細な苦情、要望・要求を入手することができれば、そのときに必要な対応をユーザーに提供することができ、その結果、ユーザー満足度、サービス品質を向上することができる。

(d)　ソフトウェアの自動更新・修正

　現在、街中を走行している車にはコンピューター制御によるシステムが多種多様にあり、それぞれのシステムにさまざまなソフトウェアが組み込まれている。今後、MaaS に利用される車となると自動運転が中心となることが想定され、そのためシステムがより複雑化し、そのシステムを制御するソフトウェアも複雑化する。その結果、ソフトウェアの品質不具合が市場に流出してしまう可能性があり、ソフトウェア起因のリコールが発生することも考えられる。

　現在は、このようなソフトウェアの修正はその他の部品故障と同様に当該車両をサービス工場、販売店などに持ち込み、そこでソフトウェアの更新、および初期セットアップを行っているが、MaaS として利用されている際中にはそのような対応が困難である。

　そこで、有効な技術として活用できるのが OTA(Over The Air)である。この技術は、無線通信を活用し必要なデータを送受信するものであり、スマートフォンの OS を更新するときにも活用されている。米国の電気自動車大手であるテスラ社はすでにこの OTA を 2018 年から導入しており、ADAS 機能(Advanced Driver Assistance Systems：高度運転支援システム)のソフトウェア更新は無線によって実施されている[10]。この技術を MaaS において活用できれば、現在のようにサービス工場に持ち込まなくても無線通信により当該ソフトウェアを更新することが可能となる。そのため、MaaS の提供者であるプラットフォーマーやコンテンツプロバイダーにとっても、MaaS を利用しているユーザーにとってもメリットが大きい。

　もちろん、OTA を活用するためにはコネクテッド技術が必要不可欠であり、この後で触れるデータのセキュリティ対応も重要になる。

　MaaS が普及する時代においては、車にもスマートフォンと同様に OS やアプリケーションが搭載され、まさに走るスマートフォンの様相を呈していくことが予想される。MaaS においても、スマートフォンのようにソフトウェアの不具合が検出されたら自動更新することで品質を保証できれば、それはユーザーにとって MaaS による顧客体験(**3.4.3 項を参照**)を最大化することにほか

ならない。

(e)　車自体のセキュリティ対応

　まずは車としての視点でセキュリティの重要性を考えてみる。2015 年に発表された JEEP チェロキーへのハッキングデモンストレーションは有名な話で、そのために 140 万台のリコールが実施され、社会にも多大なる影響、そして衝撃を与えた[11]。そしてこの後、ソフトウェアによって制御されるシステム、およびコネクテッドカーのセキュリティが心配されるようになった。対策として暗号化技術（鍵管理）が検討されているが、高い技術で守りを固めてもまたさらに高い技術でそれを乗り越えてくる、いたちごっこのような状況になることが予想される。したがって、重要なことは仮にそのような状況になったとしても、すぐにソフトウェアを更新するなどして対処できることである。

　無人自動運転で運行されている車の場合、ドライバーがいないため緊急回避操作が不可能であり、有事の際の影響は甚大になることが容易に想像できる。そのため、すでに ISO/SAE 21434 という車両および車両システムのサイバーセキュリティに関する国際規格も検討が進んでおり、サイバー攻撃への対処が非常に重要になっていることは間違いない。サイバーセキュリティは、これからの CASE、そして MaaS の時代においてモジュールとしての車の品質を保証する上で重要な要素の一つである。

　次に情報の機密性の重要性を考えてみる。MaaS の時代になると、車の中に居ながらユーザーとプラットフォーマー、コンテンツプロバイダーの間で情報のやり取りを行うことになるだろう。例えば、観光型 MaaS において、レストランや観光コンテンツの追加などの新たな予約や、そのための支払いを行えば、個人情報、クレジットカード情報のやり取りも行われるはずである。その場合、これらの情報は必ず守られなければならない情報であり、それができなければ二度と使ってもらえないだけでなく、損害賠償のみならず社会的信用を失い、当該事業を停止せざるを得ない状況にもなりかねない。医療型 MaaS においても同様に、患者のバイタル情報、カルテ、移動ログなどは個人情報で

あり、かつ適切な遠隔診療を提供するために必要な情報となるため、患者の命を救うためにも適切に保護されなければならない情報である。

　このような例の場合、MaaSのどの階層に責任があるのか、その答えはそれぞれがそれぞれの階層でサイバー攻撃への対策を講じなければならないはずである。つまり、情報の機密性においても、サイバー攻撃に対して脆弱な部分を明確にして適切な対策を打たなければならない。

（f）　安全機能・基本機能の冗長性確保（容易に復旧できるシステム構成）

　ユーザーにサービスを提供する上で、ユーザーにとって何らかのリスクが生じたときに、そのリスクをできる限り早急に取り除く、もしくは低減することが非常に重要である。せっかく楽しみにしていた家族旅行が、一つの不具合によって予定を狂わされ、その楽しみが奪われてしまうことになる。そんなことにならないよう、サービス提供者は万全の準備をしておかなければならない。サービスの途中で不測の事態が生じたときの備えとして、ユーザーのリスクを低減するために考えられるのは、冗長化による復旧である。例えば、車で考えるなら、同じ車を複数用意することである。ユーザーが利用中の車に不具合が発生した場合、一旦はその場で停車することになるが、すぐに代替となる車が引き継いでくれれば、ユーザーのリスクを低減できるだろう。

（g）　不測の事態に対応する専門部隊

　MaaSの時代においては、何らかの不具合が発生したとしても、できる限りサービスを継続することが重要な品質目標になるため、MaaSにおける品質保証体制を構築するときは、サービス継続のために必要な手段を考えなければならない。その手段の一つとして、品質保証専門部隊の設置を挙げておく。この組織は、常にサービス提供の現場近くに配置するもので、不測の事態が発生したときに、ユーザーに早期解決策を提示することを目的としている。また、プラットフォーマーの視点、コンテンツプロバイダーの視点、モジュールの視点で最適解を、早期に見つけることも目的としている。そのため、サービス提供

側にとっても、最適なバランスがとれるため、MaaS の各階層が保証するべき品質目標が明確になる。

（h）　マーケットインによる適正な品質目標の設定

　MaaS の時代において、車はあくまで移動のための手段であり、その車が達成するべき品質目標は、コンテンツプロバイダー、プラットフォーマー、もしくは実際に車を利用するユーザーによって決められるようになると思われる。つまり、従来のようなプロダクトアウトではなくマーケットインの考え方で品質目標を定めなければならない時代になるはずである。

　車が移動するための手段の一つ、という位置づけになったときにどのような品質要素が加わるのだろうか。その一つとして挙げられるのは、「快適性」と「清潔性」だろう。もちろん、安全性が既に担保されていることが前提ではあるが、自分で運転することなく運んでくれる移動体に対しては、快適であることと清潔であることはとても重要な品質になるはずである。特に細菌やウイルスが蔓延するような時代においては、清潔性への要求が非常に高まるはずである。

　その一方で、車に乗ることのわくわく感のような、感性に問いかけるような品質要素も残っていくはずである。ただ移動するだけでなく、"車で"移動することにわくわくするユーザーは少なくない。このように、ユーザーの車に対する要望・要求は多様化することが予想される。したがって、その要望・要求を正確に把握し、その上で適正な品質目標を設定していくことが品質保証の役割になるだろう。

（i）　MaaS の時代に求められる人材育成

　MaaS 時代の車の品質を保証していく人材として、もちろん従来のような車が故障しない、異常がない、という品質を保証していく能力も必要である。しかし、これからは従来の品質保証だけでなく、これまで述べたような新たな品質目標を設定できるような能力を身に付けていかなければならない。前述の

とおり、車の品質目標もマーケットインで設定していくことが必要となるため、従来のようなモノが壊れる・壊れない、といった品質保証のアプローチではユーザー、コンテンツプロバイダーまたはプラットフォーマーからの多様化する要望・要求を正確に受け止めることができず、結果的に淘汰されてしまう可能性がある。そうならないために、品質保証部門においても、革新的で前向き、そして変革を恐れないような人材を配置し、商品の開発段階で品質観点の目標を的確に受け止め、その目標を開発部門と一緒になって解決していく、そのような組織へ変えていかなければならない。また、そのような人材を育てていかなければならない。

　サービスの中での品質保証は、時には即断即決の判断が迫られることもありうる。ユーザーが実際に何かの品質不具合によってリスクを被っている状態にある場合、できる限り早くそのリスクを取り除く必要があり、そのためには現場において、その人の権限で問題解決しなければならないこともありうる。そのような対応ができれば、ユーザー満足度の最大化につながるはずであり、そのためには適格な判断力を養っていかなければならない。

　以上のとおり、MaaS 時代の品質保証において、ユーザー、コンテンツプロバイダーまたはプラットフォーマーからの多様化する要望・要求に応えることができ、かつ革新的な考え方ができる人材が育てば、サービスとしての価値を最大化できるような品質目標を設定することができる。そうすれば、ユーザーだけでなくコンテンツプロバイダー、プラットフォーマーからも信頼され、結果的にモジュールを提供する自動車メーカーとしての評価が上がるため、売上げにも貢献できるはずである。

(2)　サプライヤーの視点での課題

(a)　使われ方の変化に対応した安全性の確保と信頼性設計(市場ストレスの把握)

第1章の「シェアリング」で述べたように、乗用車の持ち方が「所有」す

ることから「利用」することへシフトすることにより、車自体の稼働率が高まる。それに伴いまず単純に考えると、車自体の長期的な信頼性目標が変わり、車を構成する部品はその信頼性目標を達成しなければならない。従来、「何万キロメートル」といっていた信頼性目標はあくまでユーザーが「所有」している場合の、平均的な使われ方を想定して設定された目標である。一方、MaaS として車が利用される場合の稼働率は、同じ年月の目標であってもその間の車の走行距離が格段に上がるため、車に搭載される部品などもそのような長期的な信頼性および品質を保証しなければならない。

　上記を踏まえサプライヤーとして考えなければならないのは、その長期的な信頼性を保証する製品を設計することが最適な手段なのか、という点である。長期的な信頼性を保証しようとすると、部品自体が大きくなり、重くなることが想定され、車全体で見たときのデメリットとなる可能性がある。そうであれば、長期的な信頼性を確保するのではなく、ある一定期間の信頼性を保証し、その保証期限がきたら交換する、という考え方のほうが車とユーザーの双方にとってメリットがあるように思われる。

　最近では、スペース X 社がロケットエンジンの再利用に成功したとの発表がされるなど、各方面でリサイクルが推進されており、車の部品も再利用できるのが部品すべてなのか一部なのかということや、再利用する場合の品質目標の設定など、部品を最大限再利用できるような設計を検討していく時代がくるはずである。

（b）　部品の異常検知システム（故障予知・予測）

　(a)項で述べたように、高い信頼性目標を部品の設計で保証する、ということも長期的な信頼性を保証する一つの手段であるが、その場合、安全率などを考慮した設計の結果として従来よりも部品が大きくなってしまい、車両への搭載条件として成立しなくなることも考えられる。

　そこで、これからのコネクテッド時代にはビッグデータを有効活用し品質目標を達成する、という手段も視野に入れておかなければならない。具体的に

は、車を構成する各部品の状態を監視し、部品が故障する前に交換する、とい
う故障の予知・予測することで品質目標を達成するのである。予測する方法と
して、「いつもと違う」状況を把握するものもあれば、ビッグデータから車の
使われ方を分析することで、あと何時間で故障するかを予測する方法も考えら
れる。もちろん、そのためにはインフラ整備も含めた環境の準備、そしてそも
そも車自体がインフラとつながってデータの授受ができるようになることも必
要ではあるが、技術的には十分可能だと考える。車から発信される情報を常に
キャッチして、車の健康状態を見守ってくれるようなシステムが望まれる。

　MaaS の時代において、車の状態を維持・管理していくのはユーザーではな
く、コンテンツプロバイダー、もしくはプラットフォーマーになるはずであ
る。現在のような車を所有する時代であれば、所有者が車を監視し、時に何か
の異変が発生した際にはその異変をキャッチして、販売店や整備工場などに
持って行くなどで、適切な対応ができる。しかし、MaaS で使用される車は特
定の人ではなく不特定多数の人が利用するため、「いつもと違う」というよう
な同じ人が乗り続けたときのような変化に気づきにくい。最悪の場合、ある
ユーザーが利用している最中に車が故障・停止することもありうる。もし、車
の状態が監視できれば、何らかの異常が発生する前に販売店などに持ち込むこ
とで整備ができ、ユーザーは常に安全な状態で車を利用することができる。ま
た、車の整備をするときに、この状態監視結果からあとどれくらい走行できる
のか、という寿命予測を実施すれば、どのタイミングで整備、部品交換をする
べきか、管理側の人が把握することができ、車の品質をコントロールすること
も可能になる。カーシェアリングが主流になったとき、このようなビッグデー
タを用いたモニタリング技術が普及していれば適切な車の品質保証ができるは
ずである。

(c)　自動車構成部品の保全性向上

　(b)項で述べたような異常検知システムにより、故障発生のタイミングを予
測できる場合、次の課題は保全性をどれだけ向上させられるかである。ここで

いう保全性とは、車に搭載される各部品の交換容易性のことを指す。カーシェアリングを例に考えるとき、運行前には必ず専用の整備工場などの場所において点検が実施される。そのときに交換が必要な部品があれば、新品もしくは再利用品に交換する。保全性が高ければ部品の交換時間を短縮でき、また部品交換の作業品質も確保しやすくなるため、MaaS 利用者だけでなく整備工場にとってもメリットとなるだろう。

　例えばシェアリング運行中に何らかの偶発的な故障が発生し、修理のために何時間もユーザーを待たせてしまうと、ユーザーの予定がくずれ、結果的に MaaS 全体の価値低下につながる恐れがある。そのようなときに数分から数十分で部品交換することで再び車を使えるようにできれば、MaaS 全体の価値低下は最低限に抑えられ、かつユーザーからは、好感を得られるかもしれない。すなわち、「一時はどうなることかと思ったが、予想以上に素早く対応してくれたおかげで、その後の予定も何とか楽しむことができた」というような反応も返ってくるかもしれない。

　もちろん、ユーザーの利用中に故障しないことが大前提ではあるが、万が一故障が発生したとしても、ユーザーが被るリスクを最小化するための方法を検討し、準備しておくべきである。

（d）　部品におけるセキュリティ対応

　セキュリティの重要性は、自動車メーカーの視点だけでなく、サプライヤーの視点でも同様である。サプライヤーが供給する部品において、セキュリティ脅威に対し脆弱なところがあればそこから侵入され、結果的にユーザーを危険な状況にさらしてしまう可能性がある。そのようなリスクを排除するために、サプライヤーも自動車メーカー同様に ISO/SAE 21434 という車両サイバーセキュリティに関する国際規格に対応し、サイバー攻撃に対処することが非常に重要になってくることは間違いない。サイバーセキュリティは、サプライヤーにとっても CASE、そして MaaS の時代において車の品質を保証する上で重要な課題である。

（e）　人材育成（価値創造、品質感度、感性、創造力）

　MaaS 時代の車の品質を保証していくために、部品を供給するサプライヤーにおいても人材育成が必要である。これからは、自動車メーカーだけでなくサプライヤーもユーザー、コンテンツプロバイダー、プラットフォーマーからの多様化する要望・要求を正確に受け止め、自動車メーカーに供給する部品の品質目標を設定する能力を身に付けなくてはならない。従来のような自動車メーカーから示される品質目標を達成するだけでなく、サプライヤー自身が品質目標を設定し、自動車メーカーと協力して車としてのあるべき品質目標を目指すべきである。そのためには、革新的で前向き、そして変革を恐れないような人材を育てていかなければならない。

3.3.4　MaaS における品質目標の考え方

　これまで述べてきたように、MaaS のモジュールとしての品質目標は「モノ」および「コト」の視点からユーザーの要望・要求を正確に把握し、その品質さえも新たな「価値」として捉えていく必要がある。ここで重要なことは、「モノ」および「コト」への要望・要求をそれぞれ個別に定義できる場合もあれば、「コト」を支える「モノ」としての要望・要求を定義する場合もある、ということである

　MaaS における車は BtoC から BtoB のビジネスにとって代わると考えてきたが、前掲の表 3.5 のようにまとめると、BtoB だけでは済まされない部分も存在している。つまり、どちらか一方ではなく、BtoB と BtoC の両方の断面があることを理解しておかなければならない。

　つまり、MaaS における車は、従来のプロダクトアウトではなくマーケットインの考え方で、車を実際に利用するユーザー、プラットフォーマーおよびコンテンツプロバイダーが考える要望・要求を正確に捉え、MaaS 全体から得られる顧客体験（3.4.3 項を参照）を最大化していくための品質目標を設定していかなければならない。

3.4　コトづくりにおける品質保証(感情的価値の担保)

これまで観光型 MaaS、医療型 MaaS を具体的なケースとともに、そのサービスに求められる品質、および品質保証の業務を考察してきた。ここでは MaaS に求められるモノ、コトの品質保証と、これを実行・実現するヒトについて、本章の総括を行いたい。

3.4.1　顧客満足から顧客体験への変化

　観光型 MaaS のプラットフォーマーは、ユーザーの「移動」という要望・要求を、車、鉄道、航空機などのモジュールの中から最適な「移動手段」を組み合わせて、「移動サービス」としてユーザーへ提供するサービスを展開する。医療型 MaaS ではユーザーの要望・要求に加え、社会的要求が加わるが、最適な「移動手段」を組み合わせた「移動サービス」としてユーザーへ提供する点では、観光型 MaaS と同様とみなすことができる。

　これら MaaS において、自動車メーカーのビジネス形態はプラットフォーマーやコンテンツプロバイダーとの BtoB ビジネスへの移行が加速される。ビジネス形態が BtoC から BtoB に変化することで、モビリティとユーザーの接点も大きく変化し、**3.1 節**で示したように自動車メーカーとユーザーとの接点は、プラットフォーマーやコンテンツプロバイダーを介したものとなる。

　これまで顧客満足(Customer Satisfaction：CS)は、顧客(ユーザー)との接点である車、鉄道、航空機などのモビリティによりもたらされてきた。そしてその満足度は、故障が少なく乗り心地の良い車、定刻どおりに運行する鉄道や航空機などによりもたらされてきた。一方で MaaS において顧客(ユーザー)が求めるものは、期待どおりの品質で得られる顧客満足(CS)から「顧客体験(Customer eXperience：CX)」(**3.4.3 項**を参照)にシフトする。モビリティはプラットフォーマーが提供する移動サービスの UI(User Interface)となり、顧客体験そのものはプラットフォーマーよりもたらされる。**図 3.9** に示すように、これまでモジュールにより提供されてきた顧客満足は、MaaS ではモジュー

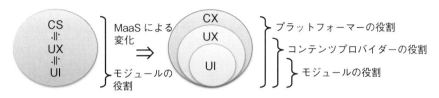

注1) CS：顧客満足、UX：ユーザー体験、UI：ユーザーインターフェース、CX：
顧客体験

注2) 顧客が求めるものは CS から CX にシフトするが、CS が不要という訳では
なく、右図の CX、UX、UI のすべてに CS が必要条件となる。

図 3.9　MaaS によるモジュールの役割の変化

ルは移動サービスの UI をコンテンツプロバイダーに提供し、プラットフォー
マーが顧客体験を提供するように変化する。

　車、鉄道などのモビリティは MaaS のプラットフォーマーが提供するサー
ビスの UI として機能し、サービスが提供する顧客体験の一翼を担っている。
「モノ」を提供していた従来の BtoC ビジネスにおいては、製品としてのモビ
リティ(広義の UI)の品質保証を行うことで顧客満足を保証していた。MaaS
に参画し BtoB ビジネスを展開する場合、モジュール(モビリティ)の品質保証
をするには従来どおりの「モノ」を対象とした機能・性能を満足する品質目標
を設定するだけでなく、プラットフォーマーやコンテンツプロバイダーが顧客
へ提供する「コト」の視点における顧客の期待を正確に把握し、品質目標を設
定しなければならない。その品質さえも新たな「価値」として捉えていく必要
がある。モビリティは BtoC から BtoB ビジネスに変化するが、「モノ」の品質
だけでなく、プラットフォーマーやコンテンツプロバイダーが提供する「コ
ト」を意識し、その品質目標を設定しなければならない。BtoB ビジネスにお
いてもモビリティを提供する自動車メーカーなどは、サービス全体が最終顧客
(ユーザー)へ提供する価値を意識し、これを最大化するための「モノ」を提供
する必要がある。これらサービス全体の価値を最大化していくための品質保証
が、「プラットフォーム総合的品質保証」である。

3.4.2　「コト」ビジネスの感情的価値

　MaaS によって自動車メーカーと顧客の接点が変化することに加え、顧客の求める価値の変化について再度触れていきたい。「モノ」ビジネスにおいて、顧客は「モノ」を所有し、消費することが前提であり、顧客が「期待どおり」の品質が製品よりもたらされることを「顧客満足」としている。ここで、顧客は「モノ」を所有、消費することが最終的な目的ではなく、欲求を満たすために「モノ」を所有、消費していることに留意しなければならない。MaaS は顧客に移動サービスを提供することで、移動という顧客の要望・要求を満たしている。マスプロダクションに代表される製造形態では、製品が「期待どおり」の機能・性能を市場で発揮することを品質目標として定め、品質管理を行うことが品質保証の役割であった。すなわち、製品の機能・性能に対して品質保証を行うことは、顧客満足を保証することにそのままつながっていた。

　一方、「コト」ビジネスにおいては、顧客がサービスを選択する上で、これまで「モノ」ビジネスで顧客満足の源泉となった機能、性能だけでは差別化要因にはなりえない。MaaS を例にとると、モビリティの燃費性能はプラットフォーマーにとっては重要であるが、時間従量制で利用する顧客が燃費性能を意識することはない。社会、技術が成熟し、商品やサービス自体のスペックの差別化が難しい時代において、「コト」としてのサービスを継続して選択してもらうには、機能、性能、価格に対し顧客が満足するレベルで提供するだけでは不足している。サービスにかかわるすべてのフェーズで顧客の満足感を高め、顧客満足だけでなく「驚き」や「感動」といった感情的価値を加えることが競合他社との差別化要因となる。また、感情的価値の観点を加えることで、サービス品質の向上や、新たなサービスとともに顧客へ価値を提供することが可能となる。コトづくりの品質保証は、従来の顧客満足(CS)でなく、顧客体験(CX)を意識し、顧客への感情的価値の提供を担保しなければならない。

3.4.3　顧客体験（CX）を意識した感情的価値

感情的価値を検討する上で、顧客体験についての概念を確認したい。「顧客
体験」とは、顧客が商品やサービスを利用したときに得られる体験を、顧客側
から評価した概念である。顧客体験の概念を提唱した米国の経営学者 Bernd
H. Schmitt は、感情的な価値を以下の5つに分類している[12]。

①　感覚的価値（Sense）

　　視覚・聴覚・味覚・嗅覚・触覚の五感を通じて得られる経験価値。美
しい景色、心地よい音楽、美味しい料理、心安らぐ香り、手触りの良さ
などの感覚を通じて受ける価値。

②　情緒的価値（Feel）

　　顧客の感情に働きかける経験価値。感動する、うれしい、かわいい、
格好いい、美しい、安心する、など心を動かされる経験。

③　創造的・知的価値（Think）

　　顧客の創造性や知的欲求、好奇心に訴えかける経験価値。興味深い、
面白い、勉強になるなど、知的好奇心を満たす経験。

④　行動・ライフスタイルにかかわる価値（Act）

　　今までにない体験や新しいライフスタイルの提案など、行動における
新しい価値を提供すること。子供が職業体験できるキッザニアなど、体
験型のアクティビティといった身体を通じて得られる経験、未経験の習
い事体験など。

⑤　社会的・帰属的価値（Relate）

　　特定の集団に属することで得られる経験価値。例えば、ファンクラブ
やメンバーシップなど、帰属することで特別感を得られる経験。

図 3.10 に示すとおり、コトづくりにおいては、これら顧客体験を意識した
マーケティングとともに、顧客への感情的価値の提供を担保しなければならな
い[13]。

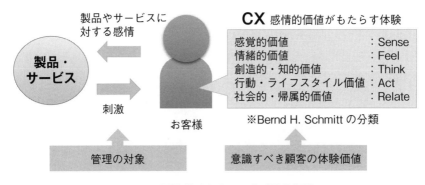

図 3.10　顧客体験をもたらす感情的価値

3.4.4　感情的価値づくりの事例

(1)　開発段階から感情的価値を検討

　モノづくりの事例であるが、顧客の感情的価値を開発段階から検討し成功を収めた事例を紹介したい。

　マツダ㈱は、2001 年よりブランドメッセージ"Zoom-Zoom"のもと、商品の機能価値の追求として SKYACTIV Technology に加え、商品の情緒的価値*3 の追求として魂動デザインを掲げ、開発と生産の協創活動を行った。通常のサイマルテニアスエンジニアリング活動と異なるのは、顧客要求を満足するだけでなく、顧客への情緒的価値の提供に主眼を置き、関連部署との連携により同時並行で開発を行った点である。具体的には QFD(Quality Function Deployment：品質機能展開)を用いた活動の中で、通常の QFD が顧客ニーズを起点に機能展開を行うことに加え、情緒的価値(運転が楽しい、躍動感があるなど)を加えた顧客価値から機能展開を実施した[14) 15)]。これにより製品開発にかかわるさまざまな活動がどのように連携し、自身の仕事がどのように顧客へ価値

---

　*3　ここでいう「情緒的価値」は、本書の「感情的価値」と同じと筆者らは考えている。

提供しているかが可視化され、その結果、全社一丸となった「志」を共有する活動につながったのである。

　ただし、感情的価値は、製品の機能、性能、価格などと異なり、定量化することが困難であるため、その管理手法を体系化したものは現時点では存在しない。本書においても課題や視点を示唆するまでに留まるが、感情的価値の提供とそれを担保するための枠組みを設計し実行することは、今後の品質保証の役割として求められると考えられる。同様に、感情的価値は定量化が困難であるからこそ、作り手だけでなく顧客も一緒となり「主客一体」でその価値をいかに「驚き」や「感動」のレベルまで引き上げるかが、品質保証の役割となると考えられる。

（2）　不具合対応は感情的価値の提供機会

　感情的価値を提供する上で不具合が発生した際の対応は、非常に重要である。不具合発生時の対応において、実行のスピードと合わせ、感情的価値を顧客に提供することで、不具合対応を顧客への価値提供の機会と捉えることができる。もしも顧客へ「驚き」や「感動」を与える対応を行うことができれば、製品の熱狂的なファンを獲得することや、サービスのリピーターを増やすことにつながる。最も成功した事例として、米国で最も有名なオンライン靴ショップのザッポスが挙げられる。ザッポスはきめ細やかなカスタマーサービスにより、同社の Web サイトは顧客からの感謝と賛辞のクチコミに溢れ、ハーバード大学やスタンフォード大学などのビジネススクールのケーススタディとなっている[16]。

3.4.5　感情的価値の定量化

　MaaS においてはプラットフォーマーにより最終顧客へ価値が提供され、顧客（ユーザー）との接点はプラットフォーマーやコンテンツプロバイダーを介したものに変化するとこれまで述べてきた。しかし、実世界において「移動」を提供するのは車などのモビリティであり、スマホアプリなどを除き顧客と実世

界で直に触れるのは、モビリティなどのモジュールであることに留意すべきである。実世界で顧客との接点をもつことはモジュール層の強みであり、顧客の五感に直接働きかけることが可能なのはモジュール層のみである。近未来ではモジュール層において、顧客体験に紐付く感情的価値に関する顧客情報(感動、うれしい、安心するなどの感情)の取得が可能になると考えられる。心拍数や呼吸数などのバイタル情報や、表情画像から感情を定量化する研究は数多く行われており、既に医療の分野では一部活用されている。今後はエンターテインメント分野を中心に、幅広い分野での活用が検討されている。モジュールの機能を保証するためにICT(情報通信技術)、IoT技術を活用し、データを取得することは、既に多くの取組みがなされており、競争優位やビジネスチャンスの獲得につながっている。これと同様に、感情的価値に関する顧客情報を定量化しモニターすることは、顧客に提供するサービスの質を向上させるだけでなく、新たな感動をもたらすサービスを発見する可能性を秘めている。

3.4.6　コトのビジネスにおける価値創造のために必要な能力

　最後にMaaSに求められるモノやコトの品質保証を行う上で、これに求められる能力について述べていきたい。これまで顧客(ユーザー)への価値は、メーカーが製品を開発・製造・販売することで提供されてきた。図3.11に示すように製品を提供するメーカーは競争関係にあり、より高機能、高性能、低価格の製品を提供することで顧客に価値提供をしていた。MaaSに代表される「コト」ビジネスでは、多様なステークホルダーとエコシステムを構成することで、顧客に価値提供を行うように変化している。近年では新たな事業を展開する上で、大企業であっても単独で行うことが困難であり、企業が協業することを前提にエコシステムの中での自社の役割を設計する必要がある。MaaSでは多様なステークホルダーがつながり、「協創」することで新たな価値を生み、顧客体験として価値を提供していることを認識しなければならない。

　多様なステークホルダーとともに価値を協創していくために求められる能力は、従来の製品の機能・性能に対し品質保証を行う従来の能力と大きく異な

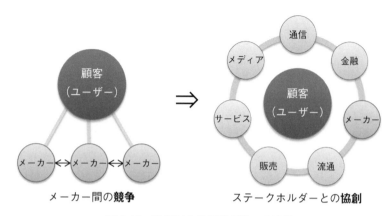

図 3.11 協創による価値創造への変化

る。MaaS における顧客接点の変化、顧客が求める価値の変化、AI に代表されるテクノロジーの進化の切り口で、これに求められる能力を確認していく。これら求められる能力から、今後必要とされる人材像を感じ取っていただきたい。

（1） 顧客接点の変化に伴い求められる能力

まず初めに MaaS による顧客接点の変化に伴い、これに求められる能力について述べる。これまでは製品開発部門から提示された機能・性能が市場で発揮することを品質目標として定め、品質管理を行うことが品質保証の役割であった。MaaS においては、プラットフォーマーが提供する「コト」を意識し、その要望・要求を正確に把握し品質目標を設定しなければならない。商品やサービスの開発段階で品質保証の観点から目標を的確に受け止め、その目標を達成するための課題解決に開発段階から参画していくことが求められる。そのため、社内の開発部門だけでなくステークホルダーとのコミュニケーション力に加え、環境把握能力、課題設定能力、デザイン思考が求められる。製品スペックを満たす製品が製造されることを保証する、いわば「守りの品質保証」から、ステークホルダーとともに価値を創造する「攻めの品質保証」に転換す

るマインドも必要である。

(2)　顧客が求める価値の変化に伴い求められる能力

　次に顧客が求める価値の変化に伴い、これに求められる能力について述べる。コトづくりにおいては、従来の顧客満足ではなく顧客体験を意識し、顧客への感情的価値を提供しなければならない。先にも述べたとおり、感情的価値は、製品の機能、性能、価格などと異なり、定量化することが困難である。そのため、その管理手法を体系化したものは現時点では存在しない。

　今後の品質保証の役割として、感情的価値の提供とそれを担保するための枠組みを設計し実行するためには、豊かな感性と想像力をもつ人材が強く求められる。また、不具合が発生したときの対応能力、対策立案力は非常に重要であり、不具合の発生を顧客への価値提供の機会と捉え、顧客へ「驚き」や「感動」をもたらす対応を行うこと(俗に言われる神対応)ができる人材の育成や、これを組織で行うための仕組みづくりが求められる。

(3)　テクノロジーの進化に伴い求められる能力

　最後にテクノロジーの進化に伴い、これに求められる能力について述べる。これには、ステークホルダーとの価値協創のため、およびサービスの改善や創造のための2つの視点が存在する。

　まずはじめにステークホルダーとの価値協創の視点について述べる。MaaSに代表される「コト」ビジネスでは、プラットフォーマーが多様なステークホルダーをつなぎ、顧客を含むステークホルダーが協創することで、新たな価値を創造している。ステークホルダー間を「つなぐ手段」はICTであり、ステークホルダー間を「行き来するもの」はデータにほかならない。顧客に提供される価値を保証するためには、ITリテラシーが必須となる。ステークホルダー間をつなぐITインフラ、データの精度、頻度の品質管理や、セキュリティに関する管理体制を構築することは、今後、品質保証活動を行う上で求められると考えられる。

次にサービス改善や創造の視点について述べる。近年の ICT の発展に加え、ソーシャルメディアやモバイル端末の普及を背景に、世界中で爆発的な勢いでデータが生成されている。また IoT の拡大により、情報端末だけではなく家電や工場内の機器などがネットワーク上でつながりデータを生成している。従来の技術では処理が難しい複雑かつ大規模なデータ群を指す「ビッグデータ」に対し、ハードウェアの発展やデータ分析のための AI、機械学習技術の実用化により、データに埋もれる新たな知見や洞察を獲得することが可能となってきた。ビッグデータは企業が保有するデータの"量"と"質"がこれまでと大きく異なる。これまでの古典統計学を用いた分析に加え、機械学習を始めとした各種データ分析を活用することで、精度の高い意思決定を行うことが可能となる。サービスの改善や新たな価値創造のために、これらビッグデータを扱って分析するデータ活用能力は、今後の品質保証活動に求められるスキルである。ステークホルダーとの協創の視点についても同様であるが、技術的なスキルを取得するだけでなく、得られた結果を最適な意思決定に結び付けることができるビジネス力も併せて求められる。

参 考 文 献

1) MaaS Alliance: White Paper "Guidelines & Recommendations to create the foundations for a thriving MaaS Ecosystem," 2017. (2021 年 8 月 17 日確認)
   https://maas-alliance.eu/wp-content/uploads/sites/7/2017/09/MaaS-WhitePaper_final_040917-2.pdf

2) Jana Sochor, Hans Arby, I.C. MariAnne Karlsson, Steven Sarasini: "A topological approach to Mobility as a Service: A proposed tool for understanding requirements and effects, and for aiding the integration of societal goals," 1st International Conference on Mobility as a Service (ICOMaaS), 2017.

3) 国土交通省 Web サイト「日本版 MaaS の推進」(2021 年 8 月 17 日確認)
   https://www.mlit.go.jp/sogoseisaku/japanmaas/promotion/

4) 総務省 Web サイト「次世代の交通 MaaS」(2021 年 8 月 17 日確認)
   https://www.soumu.go.jp/menu_news/s-news/02tsushin02_04000045.html

5) デロイト トーマツ コンサルティング:『モビリティー革命 2030』、日経 BP

社、2016 年

6)　元橋一之：「新型コロナウィルスと MaaS ビジネス」、機械振興協会経済研究所、2020 年（2021 年 8 月 17 日確認）

https://www.rieti.go.jp/jp/papers/contribution/motohashi/18.html

7)　一般社団法人全国銀行協会「ブロックチェーンって何」（2021 年 8 月 31 日確認）

https://www.zenginkyo.or.jp/article/tag-g/9798/

8)　Nulab：「RACI とは？ RACI チャートで管理部門の業務責任を可視化した話」、2018 年 10 月 1 日（2021 年 8 月 17 日確認）

https://backlog.com/ja/blog/clarify-responsibility-with-raci-chart/

9)　メルセデス・ベンツ日本 Web サイト（2021 年 8 月 17 日確認）

https://faq.mercedes-benz.co.jp/faq/show/7239?category_id=205&site_domain=default

10)　自動運転 LAB「Over The Air（OTA）技術とは？ 自動運転車やコネクテッドカーの鍵に」（2021 年 8 月 17 日確認）

https://jidounten-lab.com/y-over-the-air-autonomous-connect

11)　Junko Yoshida：「車載ネットワークのセキュリティ、まだ脆弱」、『EE Times Japan』、2016 年（2021 年 8 月 17 日確認）

https://eetimes.jp/ee/articles/1608/10/news042.html

12)　バーンド・H・シュミット（著）、嶋村和恵・広瀬盛一（訳）：『経験価値マーケティング』、ダイヤモンド社、2000 年

13)　長沢伸也・大津真一：「経験価値モジュール（SEM）の再考」、『早稲田国際経営研究』、No. 41、pp. 69-77、2010 年

14)　山田洋史：「品質機能展開を活用した技術開発」、『マツダ技報』、No. 33、pp. 135-140、2016 年

15)　別府耕太・柴田恵一郎・木下勝之・岩本信也・宮本健作：「新型 MAZDA3 の紹介」、『マツダ技報』、No. 36、pp. 3-10、2019 年

16)　トニー・シェイ（著）、本荘修二（監訳）、豊田早苗（訳）：『顧客が熱狂するネット靴店　ザッポス伝説』、ダイヤモンド社、2010 年

第4章

2030年の品質保証へ
向けて

前章までで「モノの品質保証」と「コトの品質保証」について、具体的に考察をしてきた。

本章では、2030年までに企業において、モノとコトの品質を保証する上でのあるべき姿を今後どのように構築し、定着させるのかについて考察していく。その考察の前に、日本における品質保証の役割と、その変遷を振り返る。

4.1 日本における品質保証の役割とその変遷

(1) 日本的品質管理の特徴

　日本に品質管理が入ってきたのは第二次世界大戦直後、GHQ（連合軍最高司令官総司令部）の指導による。

　元々は「効率性、生産性」に根差した米国流の品質管理だったが、これを最初に学んだ西堀榮三郎博士や石川馨博士らは、この技術を活用しながらも、日本流の考え方・やり方を実践した。具体的には、人を 4M の Material、Machine、Method、Man の一つとして位置づけるのではなく人間を中心に据えた。石川先生は「性善説に基づく管理」を提唱し、西堀先生は「信頼による管理」と称した[1]。また、西堀先生の流れをくむ近藤良夫先生は「モチベーション」を重視し、西堀・石川両師の流れをくむ清水祥一先生（デミング賞本賞受賞、デミング賞審査委員長、IAQ、ASQ のメンバー）は「人間性尊重を基盤にした品質管理」を主張した[1]。その目的は 5 満足（自社、顧客、従業員、関連企業、株主の 5 つの満足）をもたらすことと唱え、1963 年に日本における品質管理の定義を最初に定めた。その定義を以下に引用する。

　「お客様（買い手や使用者）に対し、役に立つとともに、安全で、しかも広く社会の人に迷惑のかからない「はたらき」を示す品物およびサービスを、タイミングよく、かつ納得のいく価格で提供できるように、全社的な協力体制を作り、関連する他企業などとも連携して、開発・生産・販売・事務など一連の業務を、科学的管理の原則のもとに、最も経済的に遂行し、それを通じて社内の人も人間としての喜びを持てるようにする活動」[1]と清水先生は提示されている。

　この定義は、1970 年に「しかも広く社会の人」の後ろに「地球環境」という文言が追加され、その活動の目的の 5 満足にもう一つ「社会」を加えている。ちょうどこの時期は、欧米諸国のみならず、日本も例外でなく、産業復興による経済成長が著しく、その負の産物として公害問題が大きく取り沙汰された頃であり、その課題認識の下に追加されたものと思われる。

　このように、本来、日本における品質管理は、「人間の幸福を主目的におい
た、人間性尊重の品質管理」であり、その目的の本質は「顧客だけでなく、社
会まで視野をひろげた顧客価値の最大化」である。すなわち、企業経営そのも
のの質を問うことであった。

(2)　1980年代以降の社会的要請による変化

　品質管理が日本に導入された初期から1980年代までは、世界的にも経済成
長が最も著しい自動車業界を代表に、個人が車やモノを所有することにお客様
が価値を感じた時期であり、企業における品質保証の役割は、全社一丸となっ
て、基本性能の向上から始まり信頼性の向上と経済性を両立させることであっ
た。つまり、車でいえば、基本性能の「走る、曲がる、止まる」の向上と信頼
性、耐久性の確保、燃費向上、スタイルの良さ、使い勝手などに重点を置くこ
とに終始したのが実態である。

　2000年頃からは、社会要請として、車の基本機能としての動力性能、すな
わちエンジントルク・馬力などの車を動かすための性能とトレードオフの関係
にある、環境性能、排気ガス排出量(二酸化炭素排出量)が重視されるようにな
り、社会からその存在を認めてもらうための評価ポイントとして、お客様価値
となった。また、交通事故による死者や重傷者の低減のための事故時の乗員保
護なども必要となり、安全にかかわる比重が増加した。なお、安全は何よりも
優先され、トレードオフの観点で判断してはならないものであることを、ここ
に記しておく。

　そして、企業の存在価値そのものを示す活動は、コーポレートガバナンスや
社会貢献の事業として、製品やサービスの質向上とは別の独立した活動として
存在したのが実態である。

　企業としては、モノづくりにおける基本性能を主眼においた品質保証と、社
会における企業市民として果たす活動、この二軸をどうバランスするかが大事
な経営判断だった。しかし、時代の流れでお客様の意識が安全や環境保護に価
値を感じる方向に変化し始め、技術の進化においてもトレードオフのないもの

が出現した。代表的なものとして、ハイブリッド車は環境性能に優れ、動力性能など基本性能にも優れトレードオフがない。こうしたものが出現し、もともと品質保証の役割である、環境性能と基本性能の二軸の価値の両立が、ようやく可能となってきた。

さらに、IoT の時代に入り、自動車業界では、自動運転技術を利用した衝突防止機能で高齢者の安全運転支援や、コネクテッド技術で渋滞のない効率的な移動、さらに故障を事前検知するサービスなどが実現され、お客様にも大きな価値をお届けしつつ社会課題の解決にも役立つ事業領域が広がって来ている。

（3）　社会課題に応えるための品質保証の役割

社会課題を解決するには、モノづくりの技術力向上も大きな要素であり、さらに高度なモノづくり力が求められる。しかし、同時に、第3章の観光型 MaaS の仮想シナリオで取り上げたように、今後、お客様は車という「モノの所有」で完結せず、それぞれの多様な要望・要求を成し遂げるための手段として、移動が「必要なときに車を使用する」ようになる。しかもその際には「個々人に最適な条件と状態で」の車が提供され、利用したいのである。MaaS への移行は、従来は移動が不自由なために生活環境の悪化が予想される過疎地域や高齢者に、再び自由な移動を提供するという、日本の近未来の社会課題解決に役立つのはもとより、都市部の個々人にも選択の余地を広げ豊かなライフスタイルを提供しうる。

また、今や企業活動が世界的規模で持続可能な社会に貢献できるかという、自社のみだけでなくサプライチェーン全体に対しての責任を問う規制がかけられている。例えば、有害物質の使用禁止、紛争国からの資源調達の禁止などである。また、国や地域ごとに異なる社会課題の解決に貢献すると同時に、企業の経済的活動を無理なく融合できるビジネスモデルは理想的な価値創出といえよう。

このように企業が事業で収益を得るためには、お客様に高い価値を感じていただけるアウトプットが必要である。従来は、製品やサービスの質がお客様の

手に渡ったときにお客様の期待に合致していることがそれにあたった。しかし、今日では製品やサービスの利用や使用によって、お客様自身が創り出す価値、すなわち顧客体験(**3.4.3 項**を参照)の質が問われる。これはつまり、お客様の価値観が、モノからコトへ変化したといえよう。

　言い換えれば、お客様の価値観がモノからコトへと変化することは、お客様への価値提供と社会課題の解決への対応が両立するビジネスモデルを企業が生み出すチャンスと考えられる。これこそが(1)項で振り返った、もともと日本的品質管理の定義であり、あるべき姿だと考える。

(4)　モノだけでなくコトの品質保証も

　今やあらゆるものがつながるといわれる IoT の時代と、1963 年に「人間性尊重の品質管理」の定義が示された時代とで、大きく変わった点として、次の2つのことが挙げられよう。

　一つは、今述べた、社会やお客様の価値観がモノからコトへとシフトしたことである。これは、お客様への価値提供において、企業が掌握し対応すべきお客様の行動範囲や関心の対象が大幅に変化したことを意味する。

　そしてもう一つは、5G、IoT、ビッグデータ、AI といった最新の通信、情報技術により、お客様が何をしているのかをリアルタイムで把握でき、即座にかつ個別的な状況に合わせて対応(パーソナライズ)することが可能となってきたことである。

　今日では通信技術、情報処理技術は、便利な道具の域を超えて、新たな価値創出の源泉といっても良いだろう。これら高度な通信技術、情報処理技術の飛躍的進化は、社会やお客様の価値観を根底から変えるとともに、企業が備えるべき組織能力も多様化・高度化が今までに経験したことがないレベルで要求されている。従来のモノの品質保証もデータ活用とデータ分析を駆使することで未然防止へとステージを上げることが可能となり、お客様が体験するコトの品質保証をも、その行動様式などを情報処理技術や通信技術を用いて担保していくことが使命となってくる。

4.2 顧客価値を最大化する品質保証を行う上での組織課題

4.2.1 人間性尊重の品質経営

前節で、日本的品質管理の定義を示したとおり、日本における品質管理は、「人間性尊重の品質管理」である。その目的は「社会も含めた顧客価値の最大化」を目指して、全員参加で一連の業務を、科学的管理の原則の下に取り組み、それを通じて社内の人とも人間としての喜びをもてるようにする活動である。

「人間性尊重の品質経営」については、西堀博士とともに日本の品質管理構築の礎となられ、まさに人間性尊重に根差したQCサークルを生み出した石川馨先生が、その著書『日本的品質管理＜増補版＞』で、人はなぜ働くのか、何を喜びとするのかについて、次のように記している。

(ロ) 仕事をやり遂げたよろこび

- テーマ・目標を達成したよろこび
- 「山があるから登山する」よろこび

(ハ) 人と協力した、他人に認められたよろこび

人間はひとりでは生きていけない。集団のなかの一員として、家族、QCサークル、会社、都市、国家、世界など社会の一員として生活している。だから、社会の中で認められた存在である、ということを感じることが大切になる。具体的には

- 他人に認められる
- グループ（QCサークルなど）の中で協力し、その友情、愛情のある交際ができる
- よい国家、良い企業、よい職場の一員であること、等々。

(ニ) 自分が成長したよろこび

- 自分の持つ能力を発揮し、自分が成長し、人間としての充実感を味わいたい
- 自信をもちたい、そんな人間に育ちたい
- 自分の頭を使い、自主的・自発的に行動し、社会に貢献したい

出典）　石川馨：『日本的品質管理＜増補版＞』、日科技連出版社、1984 年、p.39

　以上は、その捉える対象や生み出すための手段が時代や人々のニーズによって変わったとしても、人間である限り、日本における品質管理、品質経営として未来永劫に普及、推進をしていく使命があると考える。

4.2.2　組織で散見する品質経営の現状課題

　そして今、モノづくりからコトづくりへと産業構造が大きく変わろうとしているが、改めてこの「人間性尊重の品質経営による顧客価値の最大化」という視点で、現状を照らすと、往々にしてさまざまな経営課題に直面する。
　多くの組織のそこかしこで散見される顕著な事象は次のとおりである。

- 新しい取組みを挑戦しようとするも、「品質を保証しなければ」という堅固な責任感から、「失敗を許さない文化」が存在し、実行へのハードルが非常に高い。そのためにその実行にも非常に時間がかかる。
- 各部署において、それぞれの専門性による改善を尊重するあまり、部署ごとの最適化が優先され、全体のつながりはあるものの、その情報や仕事の流れがスムーズとは言い難い。
- 効率性、生産性を上げようとする短期的で画一的なマネジメントの徹底が図られ、「多様性」や「長期視点」が欠如もしくは軽視されている。
- 全体の中で、それぞれの業務は細分化され、与えられ、求められる役割をそれぞれが果たしているだけとなり、個々人のモチベーションを高く維持することが難しい。組織風土に「新たな顧客価値の創造」というイノベーションに取り組もうという気運が弱い。
- 「未来の方向性に迷う」「何から踏み出せばいいのか分からない」、ある

いは「社内でそれぞれがばらばらのことをし始める」

- 通常業務に追われ、新しいことを考える時間がとれない。また、新しいことを受け入れ、実践しようとする心理的余裕がない。

4.1 節で述べた清水先生が 1963 年に人間性尊重の品質管理を定義されたことに照らし、今 2021 年のこの現状に嘆くのでなく、2030 年までに人間性尊重の品質経営をもって達成すべき「あるべき姿」は、次のとおりと考える。

- イノベーションを次々に起こす。
- 長期ビジョンを描ける。
- 部門をまたぐ協力・連携をスムーズに図り、多様な視点、異質の協力が行われている。
- 人々が、お客様の視点に立ち、自らも心から楽しく価値創造に取り組んでいる。
- すべての部門・部署で自主的に立ち上がるプロジェクト、自律的に行動する社員によって、質の高い仕事が繰り出され続ける。
- 誰もが主体的に取り組み、互いにそれを支援する文化が醸成されている。
- 上司は指示や管理でなく、最高の支援者であり、協力者として責任をもつ部署のイノベーションや、その生み出した成果がいかなる新たな価値を生んでいるのかをきちんと測れるマネジメントをしている。
- 社内はもとより、社外とも意思疎通や情報の連携をスムーズに行い、また時にお客様と共創しながら顧客価値の最大化に取り組んでいる。

以上、異なる価値観をもった多様な人々が、組織内に一緒にいながら、その価値を尊重されつつ、存在を損なわれることなく、その価値観に根差した多様なアウトプットを最大限に出して組織や社会に貢献し、また、自分のキャリアも築かれていく。組織はこれを育み、活動する場として存在している。このことははまさに、2030 年までの達成をめざす SDGs の 17 項目の目標「誰一人取り残さない」にも合致している。世界先進国の中で、SDGs への取組みが最下位の日本の現状が、品質経営の現状課題とも合致していることをご理解いただ

けるだろう。

4.3   品質経営の先進的な取組み事例

　先に述べた「あるべき姿」に向かって、品質経営の概念に根差したような経営改善に取り組んでいる事例も見受けられる。例年、中部品質管理協会で「質創造マネジメント大会」を企画し開催しているが、2021 年 2 月の大会では「品質経営と価値創造」をテーマに、品質経営の先進的取組みをしている企業にご登壇いただいた。その中から 2 社の事例を以下に紹介する。

4.3.1   日本特殊陶業㈱の DNA プロジェクト

　一つ目は、日本特殊陶業㈱における新価値創造・新事業創出の取組みとそこから生まれた新事業会社㈱ignArt である。

　日本特殊陶業㈱の取組みは、代表取締役会長の尾堂真一氏が、2009 年当時、専務の立場でプロジェクトオーナーとして発案し、強いリーダーシップの下、"Dynamic New Approach"の頭文字をとった「DNA プロジェクト」として始まった。その目的は「開発テーマの探索・新規事業」をテーマにした創造的人材育成であり、事業創出ありきではないところに品質経営と根を同じとする経営思想を見る。そして 2015 年までは「開発テーマの探索」を主にしていたこのプロジェクトは、2016 年からは、元来の目的である創造的人材育成に加え、そのアウトプットとしての「新規事業創出」をテーマに加え、現在まで継続発展している。

（1）　㈱ ignArt 創業の軌跡

　ここで紹介する㈱ignArt は、2018 年の DNA-7(DNA プロジェクト第 7 期)に属し、創造的人材育成＋新規事業創出となった社会で 2 つ目のモデルケースだ。彼らの取り組んだ内容を紹介しよう。

（a）　ゼロからビジネスプラン構築へ

2018年7月、広く社内公募で22名が選抜された。2018年9月までの2カ月にわたり、従来業務に加えて"Why"を軸にしたイノベーションを生み出す一連のプロセスが実施された。これがフェーズ0であり、この時点で人員が12名に絞り込まれた。

次のフェーズ1は9月から翌年の2019年2月までの半年で「使命感の醸成」を養うべく、①ミッション発見のワークショップ、②海外トレーニング（このときはミャンマー）が実施された。自社の存在価値を見出すとともに、各人の存在意義、ミッションを見出し、それをもとに3名1組のチーム編成が行われた。

次のフェーズ2では、共同化プロセスや、既存のツール、リーンキャンパスなどを活用し、具体的なビジネスモデルを立案し、発表とフィードバックを繰り返して練り上げた。そして2カ月かけて、フェーズ2で立案したビジネスプランを評価し、2019年4月に2チーム、6名を選抜し、DNA-7は継続された。ここまでは従来業務に加えての活動である。

（b）　ビジネスプラン実行から企業内起業へ

2019年4月、選抜された2チームは、このビジネスプランを実行に移すことが専業となり、2020年2月の最終審査まで活動した。そして2020年の最終審査を経て、2021年3月1日、同社は法人として創業するに至った。

（2）　事例の注目ポイント

このプロジェクトで注目すべきは、

事業創出 ＜ 人材育成・やるべきこと ＜ 志(やりたいこと、使命感)

が重視されたことである。また、一人でアウトプットさせ競争させるのでなく、チームを編成し、共創の場と機会をつくったことである。さらに、この活動から、自社が主とする自動車分野とはまったく異質の、アートを用いて人の身体状態を知る、色を用いてその日の自分の気分を表し、お互いにコミュニ

ケーションする"GOOD MORNING COLOR"という新たなサービスが生み出されたことにも注目してほしい。

　代表取締役となった下簗一博氏の「自分たちのやりたいこと、想いを会社が受け止めてくれ、それを実現できる場があることを本当に幸いに思う」という発言はまさに、我々が目指す日本的品質経営と共通する普遍的なあるべき姿が、同社のこの活動にあることを感じさせてくれる。

4.3.2　㈱デンソーにおける企業内起業の取組み

　そして、もう 1 社、㈱デンソーから発表いただいた加納健良氏の事例は、前項で紹介した㈱ingArt とはまったく真逆の事例である。パーソナルな着想で開発されたプロダクトと自律性に根差したボトムアップ型の取組みである。

（1）　自分起点で生まれたプロダクト「ふれ AI レコーダー」

　加納氏の生み出したプロダクト「ふれ AI レコーダー」は家族の会話において「喜怒哀楽」が起きたときの音声を AI により自動で記録することができる。日々成長するお子さんのたどたどしく発する言葉や何気ない家族との会話を残したい。遠く離れた祖父母の日常を知りたい、寄り添いたい。そんな加納氏の他者への優しい眼差しから生まれた AI レコーダーである。

（a）　ふれ AI レコーダーの仕組み

ふれ AI レコーダーの仕組みは次のとおりである。

① 会話の中の喜怒哀楽を AI が判定して、その前後の膨大な日常の会話の中から、感情の高ぶった特別な会話のみを録音する。

② ふれ AI レコーダー本体にその音声を保存する。

③ スマホアプリでそれを再生したり共有したりして楽しむ。

最新技術の AI を用いながらも、シンプルにその目的は「家族とのより深い、そして近いコミュニケーションを生み出す」ことが、実に人間らしさに根差している。

（b） 自主的な有志活動から生まれたプロダクト

ふれ AI レコーダーは、会社業務とはまったくかけ離れた有志による活動で、自主的に発案され、勤務時間外や休日を使って育まれ起業に至った。会社の仕事とは離れた場で、フラットに社内外の人達と交流する中で、加納氏のワクワクする気持ちが伝播し、他者のワクワク感をも引き出してきた。このような活動に巻き込み、巻き込まれながら、「ふれ AI レコーダー」は数々の社内外コンペティションに入賞している。

この間、加納氏は 2019 年 4 月、15 年間在籍したラジエーター部門から社内公募で自動運転向けの製品設計部門に異動し、さらには、デンソー社長表彰をきっかけに、2020 年 9 月に新規事業を立ち上げる部署へ異動し、現在に至っている。

「これまで本業と有志活動のモノづくり・コトづくりが完全に分離していたが、それが重なる部分がでてきた。副業での経験を間違いなく本業に活かせるようになってきた」と加納氏は述べている。

（c） 今後の展望

加納氏は、ふれ AI レコーダーの音声解析技術を活かし、いずれは自動車分野での新たなサービスの開始を描いている。そして「2021 年には法人化し、クラウドファンディングも立ち上げたい」という。同時に「これからもデンソーで働き続けたい。個人では難しいことも大企業なら実現できるし、相乗効果を実感している」とも語っている。そして、「失敗が許されない仕組みの中で、新しいことに挑戦できず、悶々としている人や、やりたいことを抱えている人、挑戦の機会が欲しい人はたくさんいる。もっとワクワクと働き、社会で活躍する仲間を増やしていきたい」と語り、この 1 年で延べ 1,000 名を超える社員を巻き込んだセミナーや情報交換会を主催し、新規事業の創出活動を行っている。そして、トヨタグループや社外の新たな価値創造に関心のある若手層を中心に中部地区のネットワーカーとして日々活躍されている。

また、家庭においても良き父、夫であり、週末は家族と連れ立ち、また仲間

も誘って、借りた休耕地で稲作を行い、自然に親しみながらの社会参画をされている。そこにも老若男女のさまざまな方々が笑顔でつながっている。エンジニアとしての仕事の枠に留まらず、自然に親しみ、人間の心の喜びに価値を置いている加納氏の姿勢に、品質経営の根差すところが重なる。

何かと「縦型、威厳、指揮命令系統の方針徹底」を主として機能してきた日本的組織の中で、与えられた役割をきちんと果たしながらも、それとは真逆の「フラット」「自主性」「楽しい、うれしい」を主としたリーダーシップを自ら発揮されている。そこに集ってくる自律心が芽生えた異能な人々には、しなやかなサポートマンシップを発揮している。

以上の 2 事例からは、トップ先行か、ボトム先行かの差はあれど、最後はトップダウンとボトムアップの両面の重要性を説いているのがわかる。そして、それこそが、日本的品質経営が役立つところである。

経済産業省の出向起業等創出支援事業の一環として 2021 年からは「大企業人材等新規事業創造支援事業費補助金」も設けられており、取り組み始める組織も増えてくると思うが、これら 2 事例は、新たな価値創造の組織モデルとして参考になろう。

4.4　2030 年はますます人間中心の品質経営が求められる

2017 年にドイツからのインダストリー 4.0 や、米国発の GAFA の IT 革命に対峙すべく立ち上げた「IoT 時代の品質保証研究会」で研鑽を図る中で、明確にわかり始めたのは、IT や AI などのデジタル技術革新による社会は、従来の延長線上にないということである。そしてその産業移転や社会システムは指数関数的な変容を遂げるだろうということだった。それに用いられる技術や経営のツールなどもそれに伴い変わらざるを得ない。

一方で普遍的に変わらないもの、それが「人間性」というものだということ

も改めて認識できた。人間以外が人間にとって代わり担える領域が広がり、人間だけに残されるもの。それは人間の体験から生み出される感情や見えないものへの洞察と知覚力である。

　科学技術の進化に対し、人間の行動、営みは、その長い歴史において本質的に同じことを繰り返している。中部品質管理協会の創設者であり、日本的品質管理構築の貢献者である西堀博士は、その人間の営みに対し、著書『創造力』の中で以下のように述べている。

　「人間は経験するために生まれてきた。世の中で創造性を発揮しなければならないテーマは常に私たちの周りに山と存在している。期待されているのは、既存の知識を使って価値を作り出す技術ではなく、未知の分野に探検的精神で勇気をもって突き進んでいく姿勢、そこから得た経験と知見で新しい知識を作り出す科学である。人間は自分で経験することでしか、本当には学べない、わからないのだ。しかし、その知り得たことを、自分だけに留めるのではなく、誰か他の人の役に立つように記録し、あるいは経験を伝えるなどして、「知を共有する」という姿勢をもつことが大切です。」(注：筆者が要約した)

　西堀博士は、日本的品質管理の創始者として歴史にその名を留めるだけでなく、その活躍は多分野にわたる。10歳の少年の頃に白瀬隊員の南極探検の話を聞いてから南極探検の夢をもち続け、初代南極越冬隊長として、白瀬隊員が初到達した南極探検の歴史をさらに越冬することで推し進め、成功裏に導いた人である。また、登山家としても知られ、初代エベレスト登頂隊長として未踏の地にチームを導いたほか、初代原子力委員長など、数々の初代を担い、多くの企業のイノベーションも指導・支援しながら、その人生はまさに探検と冒険、イノベーションに満ちた人物でもある。

　大自然を愛し、人間は自然の一部であり、自然の中で生かされているのだという思いを、科学技術開発においても例外なく適応され、自然に敬意をもって挑みながら、道なき道を切り拓き、その自然の摂理にもとづいた科学技術のあり方を説いた尊敬すべき先人でもある。

　今改めて著作を読みなおすと、その提言は、大自然と人間そのものに根差し

た、普遍の真理を含んだ品質経営のあるべき姿が示され、この新たな技術へと
大変革に挑む我々にとって示唆に富んでいる。

　IT と AI の時代に必要な品質経営とは、実は人間性尊重の品質経営に立ち
返り、誰もがもっている、まだ未知の、しかし自身の中にある資質の畑を自ら
を磨きながら開拓し、可能性を広げ、自身やその能力を会社や社会で活かすこ
とだと考える。

　最後に西堀博士の著書『創造力』を参考(一部は引用)に、2030 年までにあ
りたい姿を表 4.1 としてまとめ締め括る。

表 4.1　創造に満ち、人々の笑顔と幸せをなしえる 2030 年の品質経営とは

① 　創造性は人間の本能であり、それは独創的な発明から、身の回りの小さな
　工夫まで、ありとあらゆる場面に本来は発揮される。

② 　チームワークの基礎は「個性」を認めること。異なっていることを認めた
　上で、その個性を生かす活動と場を設け、育み、組織力としていくのがリー
　ダーの役割。

　　「個」が「群れ」の中に埋没するのでなく、個は個として存在し、その立
　場なり個性をもったままに能力を十分に発揮する場と機会が得られ、「共同
　の目的をみんなで果たそう」という態度で協力を育む品質経営を遂行するこ
　と。

　　すなわち「異質の協力」を推進する。

③ 　品質が"下がらないように"作業標準を守る「標準化」を推進し、"品質を
　上げる"ために、果敢に今までと違う新しいこと、イノベーションに取り組
　むことは、どちらか一方でなく両方やるべきことである。そして役割を分け
　るのでなく、「全員でやろう取り組もう」という気持ちで臨む風土を創ること。

④ 　日本人が古来からもっている品質に対する潔癖感、恥と誇りの精神、帰属
　意識を大事にした品質経営を行うこと。つまり、本来自分がやるべきところ
　を、他の人にやってもらっているんだという「感謝の念」そして、「性善説
　に根差した信頼による品質経営」を推進すること。

⑤ 　技術とは、目的を誤れば「功」にも「罪」にもなる危険をはらんでいる。
　ゆえに、それを用い、行う技術者の資質の良し悪しが技術よりもさらに重要
　である。

表 4.1　つづき 1

---

⑥　ここでいう「技術」とは、人間の知的行動に価値を生ませるもの一切をいい、道具や機械に結集した部分だけでなく、組織をどのようにシステム化するか、経営をどうしよう、販売をどうするかといったノウハウ、あるいは現場での熟練、手法、技能まで、あらゆるものを含んでいる。

⑦　それらに携わる人すべてを技術者と呼ぶ。すなわち、社長から一介の工員、顧客接点におけるサービスの人まですべてが技術者であり、その人の資質がその価値提供の最大化に非常に重要である。

⑧　技術よりも、技術を用い行う技術者の資質が最重要という視点にたち、その心理状態を健全に保つということが重要である。つまり、「人間としての正しい意欲を満足させられるような組織や仕組み、そして社会環境づくり」が必要であり、それを成すのが品質経営である。

⑨　正しい判断を個々人がなしうるための教育は、「教＝知識」「育＝自ら体験から学ぶ」ことが必要だが、特に「育」＝生きた知識を獲得するチャンスを与えること。

⑩　リーダーの役割は、組織の「共同の目的」を設定し、それを全員に分配すること。そして各人の自主管理能力を伸ばすために教育し（手段的責任をもたせる）、そして見守る。任せると放任は異なり、常に「強い関心」と同時に「平静心」をもって見守ること。

⑪　技術を行う上で大事なことは「大自然のルールに従って技術を行う」こと。

　　その結果得たものを、大自然の恵みとして感謝の気持ちを持って受け取ること。

⑫　人間が自然と一体となることによって、人間が成しえる範囲も驚くほど拡大される。慎重なまでに知り、親しみをもった上で、勇気をもって取り組むことである。

⑬　現場で取りうるあらゆる情報、すなわち定性、定量のすべてを一つの事実として虚心坦懐に受け入れ、その中に含まれる一つひとつの事実を雑音や思い込みから切り離し、実情をさぐり、解決方法を考える。

⑭　そのためには、観察力というか、知覚力を磨くことである。

⑮　「人間は経験するために生まれてきた」—創造性は常識や既存の枠組みに挑戦し、それを打破してゆくことで達成できる。まずはこれが生まれる場づくりをせよ。

表4.1 つづき2

---

⑯ 未来は過去の延長線上にはない。「直感的」「主観的」「独断的」に判断し切り開け。

⑰ 常に最初にニーズ、問題に立ち返り、ニーズを分析する。そして、推し量る。

　細分化してニーズを忘れず、繰り返し何度も頭に思い浮かべ、寝ても覚めても忘れない。そして「非常識に考える」こと。

⑱ 品質経営のめざすべき「和」とは、言いたいことを大いに言いながら、お互いの考えや意味とか、個性というものを尊重して、最終的には共同の目的に最も近いものをつくりあげていくこと。

⑲ これからの企業が向かうべき道は、全員が今までのレベルから一歩上がり、より高度な知的活動にかかわるようにすること。それをもって、お客様の要求や社会の課題にどう応えうるかを追究し続けること。それをし続ける風土と仕組みを柔軟に推進すること。

⑳ すべて人類の目的は人間の福祉に至る。どうすれば人類が未来永劫に幸福であり続けるか。その中に環境の保護も入り、「技術」と「小自然」は両立していける道を見出さんとするところに、品質経営の役割がある。

出典） 西堀榮三郎：『創造力』、講談社、1990年を参考にまとめた。

参 考 文 献

1) 清水祥一：「私が伝えたいTQMのDNA─秘話10題─」、『品質』、Vol. 36、No. 1、pp. 24-27、2006年

2) 石川馨：『日本的品質管理＜増補版＞』、日科技連出版社、1984年

3) 西堀榮三郎：『創造力』、講談社、1990年

あ と が き

　本書の執筆直前の 2019 年末頃から流行し始めた新型コロナウイルスは、瞬く間に世界に広がり、今まさに人類共通の脅威として存在している。この事象を受けて本書では少しケースを追加し、皆で考察して入れ込んだ。その実態が未だつかめない中で、この事象に対する品質保証の観点もまだ完璧なものとはいえないが、それでも今ある英知を集め、さまざまな角度から考察し、その実践を継続的に繰り返して、らせん状に改善しながら取り組むことに意義があると信じている。このコロナウイルスの発生は何を意味しているのか。あくまでも楽観的に捉えるなら、人類が協力して、新たな科学技術の発展を成し遂げるための神からの宿題と考えたい。

　IoT や AI の技術とともに、MaaS や CASE といった DX（デジタルトランスフォーメーション）の概念が主に欧米から日本に入ってきて、「モノづくりからコトづくりへ」と、その戦略の転換を迫られている。このような状況において、筆者は、その使命の原点である「品質管理とは、社会やお客様のニーズに応えることであり、そのための経営や仕組みの支援、人を育成する」という理念を忘れずに、多様な方々と一緒に研鑽しながら、デジタル時代に即したツール、手段、方法を普遍的な品質管理の使命に取り入れ、あるべき姿を描きなおす必要性を強く感じている。

　本書出版の 2021 年は中部品質管理協会の創設 50 周年にあたり、本書を会員企業の有志の方々と一緒に執筆し、会員企業の皆様やご縁をいただく皆様へお届けできることを心から感謝し、うれしく思う。当協会は、もともと企業が自主的に集まり研鑽を図る研究会を祖としている。その活動は、激動の第二次世界大戦後に「社会や人類のニーズ、変化に対応した新たな価値を顧客に提供する」という大目的を掲げ、中部地区に所在するモノづくり企業、今は世界的

にもご活躍されているトヨタグループや森村グループ、リンナイやブラザー、鉄鋼などの素材メーカーのトップ自らが自主的に集ったことに始まる。日本的品質管理の先駆者であり指導者である西堀榮三郎博士を師と仰ぎ、西堀博士が提唱するところの「異質の協力」で事業活動を通じて社会に貢献しつつ自己研鑽に励み、1980年代に世界に賞賛される日本ブランドを作り上げた。当協会はその過程の中で、1971年に独立した学習支援と管理技術の普及支援機関として創設された。筆者の役割は、微力ながらこれら企業のパートナーとして人材育成や価値創出を支援することだと思っている。

創設50周年の今年は、この原点に改めて組織一同で立ち返り、長年のすべてのご縁に感謝しつつ、次の50年に向けて、心新たにこの取組みを始めたい。

今回の出版の機会は、長年ご縁のある日科技連出版社から、この「2030年の品質保証の仕事」グループの研鑽を広く本にして社会に広めてはとのありがたい提案をいただけたからであり、この場を借りて心よりお礼申し上げます。また、本文にも記載しましたが、木村デザイン研究所の木村徹様、株式会社JTBコミュニケーションデザインの黒岩隆之様、株式会社ingArtの下築一博様、株式会社デンソーの加納健良様にはその取組みや知見を惜しみなく共有くださり、おかげさまで研鑽を図り、思考を深めることができ執筆に至りました。ありがたいご縁とご協力に心よりお礼申し上げるとともに、今後のご活躍を祈念いたします。

そして、最後になりましたが、本書を手にとり、最後まで読んでくださいました読者の皆様へ、心からお礼申し上げ、皆様のご多幸を祈ります。

明るく楽しい未来を、ともに描き創りましょう！

2021年9月

一般社団法人中部品質管理協会

企画部主査・経営企画室長　細見　純子

索　引

IoT 時代の品質保証研究会
執筆者一覧

小柳津　裕二　　株式会社デンソーウェーブ

木 寺　　紀 世　　株式会社豊田自動織機

新 谷　　泰 規　　株式会社ジェイテクト

滝 藤　　勝 稔　　株式会社デンソー

中 村　　和 広　　ヤマハ発動機株式会社

野 村　　浩 之　　日本特殊陶業株式会社

古 市　　候 史　　中日本炉工業株式会社

細 見　　純 子　　一般社団法人中部品質管理協会

（五十音順）

2030年の品質保証
モノづくりからコトづくりへ

2021 年 10 月 26 日　第 1 刷発行
2023 年 8 月 7 日　第 3 刷発行

監修者　一般社団法人中部品質管理協会
編　者　細 見 純 子
著　者　IoT 時代の品質保証研究会
発行人　戸 羽 節 文

検　印
省　略

発行所　株式会社 日科技連出版社
〒151-0051　東京都渋谷区千駄ケ谷 5-15-5
DS ビル
電話　出版 03-5379-1244
　　　営業 03-5379-1238

印刷・製本　シナノパブリッシングプレス

Printed in Japan

© *Junko Hosomi et al. 2021*
ISBN 978-4-8171-9743-6
URL https://www.juse-p.co.jp/